模式生物及其实验技术

陈 炯 史雨红 主编

科学出版社

北京

内 容 简 介

对模式生物进行的科学研究可揭示某种具有普遍规律的生命现象。因此，这些模式生物在生命科学研究中有着不可替代的作用。本教材主要包括十章，每章都是独立单元，选取了代表性模式生物及其经典实验进行编撰，涵盖从低等至高等十种模式生物：微生物病毒——噬菌体、植物病毒——烟草花叶病毒、动物病毒——腺病毒、原核生物——大肠杆菌、四膜虫、秀丽隐杆线虫、果蝇、斑马鱼、拟南芥及小鼠。

本教材内容严谨翔实、论述清晰明了、语言平实易懂，非常适合高等院校生物学及其相关专业学生使用。学生可了解模式生物及其在研究中的作用，同时通过经典实验案例训练获得扎实的实验技能。每个小单元后面的思考题引导学生深入学习实验相关知识。同时，本书也可供从事相关研究的科研人员进行参考。

图书在版编目（CIP）数据

模式生物及其实验技术/陈炯，史雨红主编. —北京：科学出版社，2023.6
ISBN 978-7-03-075475-2

Ⅰ.①模⋯ Ⅱ.①陈⋯ ②史⋯ Ⅲ.①生物学–实验–技术 Ⅳ.①Q-33

中国国家版本馆 CIP 数据核字（2023）第 074832 号

责任编辑：刘 丹 / 责任校对：严 娜
责任印制：赵 博 / 封面设计：迷底书装

科 学 出 版 社 出版
北京东黄城根北街 16 号
邮政编码：100717
http://www.sciencep.com

北京富资园科技发展有限公司印刷
科学出版社发行 各地新华书店经销

*

2023 年 6 月第 一 版 开本：720×1000 1/16
2024 年 7 月第三次印刷 印张：11 1/2
字数：231 840
定价：59.80 元
（如有印装质量问题，我社负责调换）

编写人员名单

主　　编：陈　炯　史雨红
其他编者：杨冠军　赵群芬　苗　亮
　　　　　张　浩　周前进　陈相瑞
　　　　　李长红　鲁建飞　刘　镭

前　言

地球上的生物种类极其丰富，这些生物无论低等的还是高等的、简单的还是复杂的，其进化规律、遗传密码、生命发育的基本模式具有保守性和通用性。因此，可以通过选择合适的物种，对其开展研究，获得对生命基本规律或者人类健康的认识，这样的物种就称为模式生物。它们为我们发现现代生物的各种规律和原理提供了很多帮助。据统计，刊登在 *Nature*、*Science* 和 *Cell* 等重要杂志上的论文中，80%以上有关生命过程和机理的研究都是通过模式生物来进行的，由此反映了模式生物学在生命科学中不可替代的作用。

在生命科学等各本科专业课程中，学生都会不同程度地接触到某些模式生物的相关实验，如大肠杆菌（*Escherichia coli*）、果蝇（*Drosophila melanogaster*）、小鼠（*Mus musculus*）等，但总体上对各种模式生物的知识体系及实验技术缺乏系统的梳理和整理。尤其是在生物信息学等学科蓬勃发展的今天，只有系统学习模式生物学知识，才能更好地认识生命起源、遗传和发育的本质，同时为今后的研究工作奠定了实验技术基础。本书主要包括十章，每章都是独立单元，选取了代表性模式生物及其经典实验进行编撰。本书内容涵盖从低等至高等十种模式生物：微生物病毒——噬菌体、植物病毒——

烟草花叶病毒、动物病毒——腺病毒、原核生物——大肠杆菌、四膜虫、秀丽隐杆线虫、果蝇、斑马鱼、拟南芥及小鼠。本教材内容的编排上深入浅出，意在系统夯实模式生物相关基础知识，同时兼顾锻炼实验操作与设计能力，因此十分适合有一定生物学背景的初学者。

本教材由宁波大学海洋学院模式生物实验课程教学团队根据数年积累的丰富教学经验编撰完成。同时浙江大学杜爱芳教授、云南省烟草科学研究院莫笑晗副研究员和温州医科大学闫宝龙博士等同仁提供了图片等素材，在此一并表示感谢。

目 录

前言

第一章 小鼠 1
第一节 小鼠模型研究历史和成就 1
第二节 小鼠的基本操作方法 8
第三节 小鼠的抑郁症模型 17
第四节 小鼠的感染模型 23
参考文献 30

第二章 拟南芥 33
第一节 拟南芥研究简介 33
第二节 拟南芥的种植 37
第三节 拟南芥浸花法转基因实验 41
参考文献 48
附录 拟南芥研究数据库 50

第三章 斑马鱼 52
第一节 斑马鱼研究简介 52
第二节 斑马鱼胚胎发育观察 53
第三节 斑马鱼软骨及骨染色观察 59
第四节 斑马鱼胚胎显微注射技术 62
参考文献 67

第四章 秀丽隐杆线虫 68
第一节 秀丽隐杆线虫研究简介 68

第二节　秀丽隐杆线虫的培养与基本遗传学操作……72
第三节　秀丽隐杆线虫的外源基因转化及表型观察……75
第四节　秀丽隐杆线虫的脂肪染色……78
第五节　秀丽隐杆线虫的毒理学实验模型……81
参考文献……84

第五章　果蝇……85
第一节　果蝇模型研究历史与成就……85
第二节　果蝇观察与饲养……89
第三节　果蝇行为实验……95
参考文献……98

第六章　四膜虫……100
第一节　四膜虫研究简介……100
第二节　四膜虫的培养……104
第三节　四膜虫的碳酸银染色……107
参考文献……109

第七章　原核生物——大肠杆菌……110
第一节　大肠杆菌基因工程菌研究简介……110
第二节　大肠杆菌感受态细胞制备与质粒转化……113
第三节　外源基因在大肠杆菌基因工程菌中的表达……118
参考文献……123

第八章　动物病毒——腺病毒……125
第一节　腺病毒研究简介……125
第二节　紫外分光光度法测定提纯病毒的浓度……126
第三节　动物病毒的提纯和感染单位测定……129
第四节　负染法观察提纯的病毒……133
第五节　超薄切片法观察组织中的病毒及细胞病理学变化……136
参考文献……140

第九章 植物病毒——烟草花叶病毒 ········ 141
- 第一节 烟草花叶病毒研究简介 ········ 141
- 第二节 烟草花叶病毒摩擦接种 ········ 146
- 第三节 TMV 侵染性 cDNA 克隆构建及验证 ········ 148
- 第四节 以 TMV 为载体在烟草中表达 GFP ········ 155
- 参考文献 ········ 159

第十章 微生物病毒——噬菌体 ········ 162
- 第一节 噬菌体研究简介 ········ 162
- 第二节 水环境中大肠杆菌噬菌体的分离及纯化 ········ 165
- 第三节 噬菌体空斑检测 ········ 168
- 第四节 噬菌体形态观察 ········ 170
- 参考文献 ········ 172

第一章 小　　鼠

第一节　小鼠模型研究历史和成就

小鼠（*Mus musculus*）是生物和医药领域不可或缺的模型工具。在涉及动物相关模型实验的科学研究中，小鼠的使用频率远远高于其余模式动物的总和。日常生活中，人们也使用"小白鼠"指代生物及基础医学相关领域的科学实验。

孟德尔（Gregor Johann Mendel）通过实验发现了遗传定律，但该研究结论却被当时的学术界搁置了35年之久，直到1900年再次被学界重新认识。验证该定律的普适性也就成了当时学术界的热点工作，除人类外的其他哺乳动物在进化中与人更为接近，对其遗传定律的研究与阐释就成为科学研究的重中之重。小鼠生长迅速，繁殖能力较强，而且拥有显而易见的毛色表型，因而成为研究哺乳动物遗传规律的最佳选择。1902年法国生物学家库诺（Lucien Cuénot）首次证明小鼠的白化和有色、黄色和黑色性状符合孟德尔遗传定律。此后，卡斯尔（William Ernest Castle）和他的学生用小鼠验证了不同毛色位点符合孟德尔遗传定律，这也标志着哺乳动物遗传学的开端（Castle et al.，1910）。

最早研究小鼠肿瘤的是哈佛大学的教授泰泽（E. E. Tyzzer），他利用日本华尔兹小鼠开展了相关研究。华尔兹小鼠因其特有的跳舞动作而得名（内耳控制运动平衡的基因缺陷的结果）。由于长期被当作宠物圈养于相对封闭的环境，该类小鼠品种遗传背景趋近于同源，身体多处部位会自发地出现多种肿瘤组织。将华尔兹小鼠肿瘤组织通过手术移植到其他华尔兹小鼠体内后，肿瘤能够在受体小鼠体内生长；但当这个肿瘤组织移植到普通小鼠，则因排斥而不能生长。研究者则继续使用华尔兹小鼠与普通小鼠杂交后得到的 F_1 代，将肿瘤组织移植入其体内，实验结果发现：所有 F_1 代小鼠体内的肿瘤组织都能生长，但是经 F_1 代自交后获得的 F_2 代小鼠却排斥移植入其体内的肿瘤组织。因此，泰泽等人认为，肿瘤组织的移植排斥性并不符合孟德尔遗传定律，但利特尔（Clarence Cook Little）却不这么认为。

以利特尔为代表的部分学者认为，对于肿瘤移植的容忍度评估可能受到多个基因共同影响，而已经知道每个基因位点都由两个等位基因组成，受体小鼠接受移植物的条件是，每个位点都至少存在一个显性耐受相关基因，只要存在一个位点的耐受相关基因为隐性个体将表现出对移植组织的排斥反应。所有 F_1 代小鼠都从亲代华尔兹小鼠遗传了全套显性耐受相关基因位点，因此表现出对于外来移植物较高的耐受度；但 F_2 代小鼠中相关等位基因容易发生遗传分离，理论上实现所有显性耐受相关基因同时遗传的概率极小，因此 F_2 代表现为排斥性。

华尔兹小鼠在遗传组成上具有同源性，而普通小鼠则表现出异质性。利特尔等研究者利用这种差异性建立了另一种在遗传组成上同源的小鼠品系，将其与华尔兹小鼠杂交，检验杂交后的 F_2 代对于肿瘤移植物的排斥情况（Silver et al., 1995）。在此基础上利特尔于 1909 年成功培育了第一种近交系小鼠——dba（后来名称改为 DBA），这种小鼠的命名规则源自其个体携带的毛色突变基因分别为（d）dilution、（b）brown 和（a）non-agouti。之后利特尔又和泰泽合作使用相同的肿瘤组织进行个体移植实验，最终他们在 183 只 F_2 代小鼠中发现 3 只对于移入的肿瘤组织表现出较高的耐受度。而该实验结果也证实了利特尔当初的假想。上述实验的成功使得小鼠成为解决传统遗传学和近代生物学相关问题的一种实用性动物模型。

坐落于哈佛大学的伯西（Bussey）研究所拥有部分小鼠繁育和饲养设施，因此一直被视为小鼠研究者的"乐园"，卡斯尔等人也为其相关工作提供经费支持，有关小鼠繁育和遗传学研究工作在此基础上逐步开展。而除了伯西等人的研究之外，冷泉港演化实验站（著名的冷泉港实验室前身）的创建者查尔斯·达文波特也为开展小鼠研究而先后邀请麦克道威尔（卡斯尔的学生）和利特尔参与相关工作。利特尔和麦克道威尔共同组织了小鼠研究夏令营，借此机会邀请小鼠研究者利用夏令营时间携带各自培育的小鼠参观冷泉港实验室，并且通过杂交等手段分享 F_1 代，期望获得更多优良小鼠品系。同时利特尔还组织了小鼠俱乐部，用来共享小鼠种群、疾病和突变表型等信息。虽然在冷泉港的小鼠夏令营是短期和临时性的盛会，但却为全球众多小鼠爱好者及相关研究人员建立了良好的沟通和分享方式，大部分参与者在有限的资源供给前提下得到较多的回报，使其成为小鼠培育和研究的一个新"绿洲"，该研究室的建立也为后续的近交系小鼠培育工作发挥了重要作用（Paigen，2003a）。

近交系小鼠培育研究至少需要满足以下两个条件：一是拥有可以完成 20 代次以上繁殖传代的完善饲养场所；二是培育者的雄厚资金和充足耐心，以确保能够完成长期近交选育工作。在 20 世纪初，能够同时满足上述两个条件并不是一件容易的事情，因此从 DBA 小鼠培育成功后直到利特尔服兵役结束前的近 10 年时间内都没有发展和培育出新型近交系小鼠品系。当年利特尔在离开哈佛前特意将 DBA 小鼠委托合作者之一的泰泽教授代管。然而不幸的是由于某些突发小鼠疾病的流行，当利特尔再次回到冷泉港实验室继续开展近交系小鼠培育和肿瘤移植研究时，只从泰泽那里获得仅存的三只 DBA 品系小鼠个体，而且这些小鼠来源已经无法找到相关遗传学的记录，因此重新培育近交系小鼠成为头等的任务。利特尔利用某些大型小鼠农场资源作为开展新品种近交系小鼠培育的实验基地，在相关捐助者协助下，通过农场特定品系公鼠与母鼠杂交，然后再对其后代进行近交培育，最终依据毛色等特殊性状分别得到单重品系小鼠 C57BL（BLACK，黑色）、C57BR（BROWN，棕色）和 C57L（LEADEN，铅色）。而麦克道威尔等人则通过对上述后代小鼠改良，最终筛选获得高发白血病型 C58 品系（Beck et al.，2000）。

除了没有固定和完善的相关设施用于近交繁育工作外，近交系小鼠培育面临的主要难题是多数小鼠在近交后，显现出繁殖和抗病能力显著下降的情况。加上筛选和培育条件的限制，近交培育很难完成连续 20 代及以上。尤其研究资金短缺情况此时凸显，以上矛盾愈发突出，当时这些问题最终影响了众多新型小鼠近交品系的出现。

正当近交系小鼠培育工作面临危机之时，著名动物学和遗传学家斯特朗站了出来。斯特朗在年轻时师从哥伦比亚大学摩尔根（Thomas Hunt Morgan）教授（于1933年由于他对于遗传学的杰出贡献，获得了诺贝尔生理学或医学奖），博士毕业后，又先后参加了先前利特尔在冷泉港组织的小鼠夏令营，并拿到了一批稳定的近交系小鼠。尽管他一生带着他的小鼠工作四处漂泊，受尽讥讽，但斯特朗依然认为对于癌症与遗传关系相关研究，小鼠是最好的模式动物。在随后日子里，虽然斯特朗生活拮据却始终没有放弃近交系小鼠培育工作。他用DBA和与白化病型Balb小鼠（Balb/c小鼠的祖系）杂交后获得子代，之后以乳腺癌性状为目标表型筛选和培育出具有乳腺癌高发性状的近交系C3H品系小鼠和低发频率近交系CBA品系小鼠。最终经过长期的漂泊历程后，在杰克森实验室（位于美国巴港）正式建立了入案品系。而这种C3H小鼠也是首次为肿瘤遗传性提供了可靠的动物模型证据，随后也被广泛应用于相关肿瘤学研究课题。

除伯西和冷泉港之外，卡斯尔的学生邓恩（L. C. Dunn）于1928年来到了哥伦比亚大学动物学系接替了摩尔根职位，并试图复兴哥伦比亚大学生物遗传学的光辉成就。他首先需要解决的问题就是近交系小鼠培育工作。邓恩和他的合作者在这里先后培育了高发睾丸癌性状近交系小鼠，而该品系小鼠后来被用于现代生物学重要研究方向之一的胚胎干细胞分离和培养工作，甚至为基因敲除技术的发展提供了研究对象。至此除Balb/c小鼠外，目前生物学研究使用频率较高的近交系小鼠培育工作已基本结束。而在1929年2月，著名小鼠研究专家利特尔决定放弃大学校长职位，建立一家专门研究小鼠遗传学和近交品系的研究型机构杰克森实验室。当他全身心投入小鼠培育工作后，这项事业迎来了实质性的转机，也从此开启了以近交系小鼠繁育工作为主体，将商业化产品和科学研究结合的"杰克森实验室时代"。

到了20世纪末，已有文献记载的近交系小鼠已接近500种。但是随着时代的更替，它们中绝大多数品系也逐渐淡出科学家的视野，但诸如C57BL、DBA、CBA、129和Balb/c等近交系小鼠或由其衍生出的多种小鼠亚系仍被广泛地应用于生命科学和医学研究等多个领域（Paigen, 2003b）。假设没有这些近交系小鼠模型，现代较热门的免疫耐受、单克隆抗体和肿瘤免疫治疗等具有划时代意义的工作可能都无法顺利开展。

目前，CRISPR/Cas9 和 Cre-lox 等新型小鼠模型构建方法日益成熟，其中的典范为人源化小鼠（Brehm et al.，2010）。人源化小鼠模型的发展鉴于使用经典动物模型存在物种异质性等多种问题，其中物种间功能的差异性对于相关实验结果的影响凸显。已经有多项针对动物模型的研究报告指出，利用小鼠等经典实验动物模型发掘的潜在疾病机理和生物分子功能在人类群体中往往无法得到相似的结果验证。换言之实验动物中获得的相关研究结论和假设可能并不适用于对人类疾病机制的解析（Pearson et al.，2008）。因此构建一种无限接近于人类的动物模型是当今基础生物医学发展的重要发展方向之一。

作为目前使用频率较高的实验动物模型，小鼠模型的人源化研究工作自然成为我们的首要选择（Shultz et al.，2007）。顾名思义，人源化小鼠体内各种生理生化功能（包括细胞类型和免疫系统）都无限接近于人类，但是这种与人类近似的小鼠模型构建因为受限于技术发展目前还无法实现。因此当前在小鼠体内如果能顺利产生或表达一种或多种人类细胞或功能分子（如特定人源基因的转基因小鼠）都可以被归类为人源化小鼠模型（Shultz et al.，2012）。现以目前热点的免疫系统人源化小鼠为范例，分析如何将人体免疫系统"塞进"小鼠体内并成功启动。小鼠在自然状态下已经拥有一套成熟的免疫系统，因此我们需要先把它自带的原生系统"卸载"，之后才能够安装我们预设的人类免疫系统程序。我们可以将小鼠原生免疫系统全部敲除或者直接构建先天性免疫缺陷小鼠模型，通常需要突变小鼠某些调控免疫系统发育及成熟的基因如 *Prkdc*、*Il2rgamma*、*Rag1/2* 等（Ito et al.，2012）。而这些基因突变将导致小鼠免疫系统发生缺陷甚至完全崩溃，减少小鼠个体对于外来移植物的排斥性从而能够容纳预设的人类免疫系统的相关基因。那设定的人类免疫系统又通过何种方式或途径"塞进"已经出现免疫缺陷的小鼠体内？由于免疫系统的复杂关联性，人类的相关免疫细胞类群无法直接移植入小鼠体内。而且简单地移植人源功能细胞和分子也不能保证其在小鼠体内能够均匀分布和分化。此外物种间的免疫排斥作用也是一项严峻考验。而外来移植物与宿主间的相互排斥反应从上文提及的近交系小鼠培育工作开展伊始就是重要且复杂的难题。因为免疫抑制作用的存在致使小鼠人源化模型通常无法稳定存在1个月以上。这种时限性也限制了大多数基础医学研究的开展。随着目前胚胎干细胞以及基因编辑技术的迅速发展，当前较为合理的解决方案是通过移植人类造血干细胞（hematopoietic stem cell，HSC）进入小鼠体内，再诱导分化并发育为完整的人类免疫系统。因为理论上人类造血干细胞可以分化并发育为多种类型细胞，而通过造血干细胞移植可以在小鼠体内构建相对稳定的人源化免疫系统，从而源源不断产生多种类群免疫细胞，这种方法也较好地模拟了人体免疫系统的真实情况。

自闭症谱系障碍（autism spectrum disorders，ASDs），简称"自闭症"，又名"孤独症"，其核心症状表现为社会性交流和沟通存在一定障碍，并出现重复和机械性行为，是一种严重的神经发育障碍性疾病。近些年，自闭症发病率呈现急剧上升趋势，目前全球发病率约为1%（Lemonnier et al.，2017；Veenstra-VanderWeele et al.，2017）。患有抑郁症的人群通常采取药物类如氯胺酮和机械类如电击疗法进行联合治疗，但是多国目前仍未出台有效的药物和干预手段。以神经递质γ-氨基丁酸（γ-aminobutyric acid，GABA）信号通路为靶点的药物，比如布美他尼（bumetanide）和（R）-巴氯芬类（arbaclofen），可以一定程度上缓解自闭症儿童的相关症状，但是也会带来多愁善感、喜怒无常等副作用（Hadjikhani et al.，2018）。由于目前还未找到该类疾病发病的具体分子机制，因此迫切需要得到相关药物的有效作用靶点并且在具体动物实验模型上进行科学验证。自闭症属于一种神经基础尚不明确的综合征，且被认为与遗传因素相关。英国医生韦克菲尔德1998年的一项研究发现，一些接种了腮腺炎和麻疹等疫苗的儿童在一个月内先后出现自闭症的临床症状，因而推测这些疫苗可能是导致儿童自闭症的潜在因素。20世纪60年代，科学家发现与自闭症症状类似的瑞特综合征也是一种严重影响儿童精神发育的疾病，直至1999年才清楚它的致病原因。佐格比（Huda Y Zoghbi）教授发现，瑞特综合征与*Mecp2*（甲基化CpG结合蛋白2，methyl-CpG binding protein 2）基因突变密切相关，95%的瑞特综合征患者携带的*Mecp2*基因会发生功能缺失性突变（Erickson et al.，2014）。2009年Saunders等人对几名严重自闭症患者的研究发现，患者的*Mecp2*基因拷贝数出现倍增，表明该基因也可能与自闭症的发生密切相关（Saunders et al.，2009）。尽管自闭症的病因可能与瑞特综合征不同，因为其属于多基因参与的遗传性疾病，而 *Mecp2* 仍然是一个与自闭症发病相关的候选基因（Huguet et al.，2013）。

2016 年，哈佛医学院大卫·金蒂（David D. Ginty）等人发现，在 *Mecp2* 和 *Gabrb3*（γ-氨基丁酸受体 Beta3 亚基，gamma-aminobutyric acid type a receptor subunit beta3）基因敲除的自闭症小鼠模型中，由于缺失 GABA 受体，其抑制外周感觉神经元功能随之出现异常，这些功能性神经元的紊乱最终导致个体出现自闭症相关症状，比如社交障碍和焦虑表现。2019 年，*Cell* 杂志发表题为《干预外周感觉神经元可以缓解自闭症的触觉相关症状》的文章（Orefice et al.，2019；Orefice et al.，2016）。在本篇文章中，除了 *Mecp2* 基因敲除小鼠，研究者还引入了感觉神经元特异性调控基因 *Shank3* 特异性敲除小鼠作为研究对象。而 *Shank3* 基因已被证实与动物触觉有关，当其整体缺失或者发生突变后，可以导致个体对于光线强度和身体碰触等应激刺激出现过度应激。然而该基因的缺失会导致个体对于疼痛不敏感。外周感觉神经元特异性敲除的 *Shank3* 小鼠与完全缺失 *Shank3* 的基因敲除小鼠类似，对碰触和刺激敏感，在触觉上无法区分不同材质接触，并且伴随焦虑表现。从这些结果可以看出，触感神经元异常是自闭症的基本特点之一。从这些结果可以看出，当敲除外周感觉神经元细胞中自闭症相关基因后，将导致大脑区域抑制性中间神经元发生变化。而这些研究和发现都与小鼠自闭症模型的建立密不可分。

由于发育的普遍性，模式生物的建立有助于研究生命世界的一般性规律，回答最基础的生物学问题，对人类疾病的预防与治疗也具有借鉴意义。小鼠作为一种与人类具有极近亲缘关系的模式生物，具有体型小、饲养管理方便、易于控制、繁殖速度快等特点，加之目前研究基础较深，有明确的质量控制标准，拥有大量的近交系、突变系和封闭群，小鼠已成为一种具有权威代表性的模式哺乳动物。随着精确的定点遗传操作技术的建立，小鼠推动了遗传发育、肿瘤免疫治疗等领域的研究，同时可用于药物筛选和辐射生物效应评价等。另外，小鼠也能用于探索人类行为学和心理学的机制，如焦虑、抑郁、社交能力等。

第二节　小鼠的基本操作方法

一、实验目的与要求

（1）了解小鼠的生物特性和实验用途。

（2）掌握小鼠实验的基本操作方法，包括小鼠的抓取、注射、灌胃、解剖、取血和断颈处死等方法。

二、实验背景与原理

小鼠是目前世界上用量最大、用途最广、品种最多和研究最为彻底的哺乳类实验动物。由于小鼠与人的亲缘关系较为相近，因此被广泛应用于药物研究、疾病研究、免疫研究、肿瘤学研究和遗传学研究等各个领域中。目前产生了一系列的研究模型，比如感染模型、自闭症模型、抑郁症模型、肿瘤模型等。这些模型中的小鼠经过长期培育，性情温顺，易于抓捕，不会主动咬人，只有在雌鼠哺乳期间或雄鼠打架时则会咬人，一般很少相互斗架，操作较为方便，是理想的实验动物。但是小鼠胆小怕惊，若因操作不当或者操作手法过重，会导致小鼠发生应激反应，从而影响实验结果。此外，马里兰大学神经生物学家佐治欧（Polymnia Georgiou）在氯胺酮抗抑郁机理的项目中发现实验人员的性别影响试验结果（Reardon，2017）。早在 2014 年就有科学家提出实验人员的性别会影响小鼠的痛觉。男性实验者的气味令小鼠压力倍增，使其皮质酮激素浓度升高，变得紧张和焦虑，痛觉淡化，进而影响小鼠行为（Sorge et al.，2014）。得克萨斯大学神经生物学家特吉亚（Lisa Monteggia）则表示，实验人员实施实验时的心理状态（比如紧张与否）也有可能造成小鼠行为产生差异。因此，制定小鼠标准化的操作和规范化的流程非常重要，这有益于实验结果更加可靠。

三、实验材料、试剂和仪器

（1）实验材料

C57BL/6J 小鼠。

（2）实验试剂

1%巴比妥钠。

（3）实验仪器和用具

注射器、灌胃器、大头针、大烧杯、解剖盘、剪刀、镊子、解剖针等。

四、实验方法与步骤

1. 抓取小鼠

（1）捉拿时先用右手将鼠尾抓住提起，放在较粗糙的台面或鼠笼盖上。此时小鼠本能抓握笼盖，在其向前爬行时，右手向后拉尾，用左手拇指和食指第一、二指节抓住小鼠的两耳和头颈部皮肤将其拎起（图1.1A）。

（2）拉直小鼠的四肢并用左手无名指压紧尾部，然后小指抓牢后肢，使其牢牢固定（图1.1B）。一般用左手抓取，右手注射或灌胃。如果多次注射，可在不同的位点交替注射。

图 1.1 小鼠的抓取

（3）注意事项

做抓取操作时，动作应稳和准。迟疑和慢手慢脚只会给小鼠更多的反击时间。抓尾巴时，应抓取小鼠尾巴的中部，捏住尾端可能损伤小鼠。短时间重复抓取同一只小鼠会令其产生强烈的应激行为，增加抓取难度，影响实验效果。如果抓取多次不成功，建议换另一只小鼠试试。

2. 小鼠注射实验

进行小鼠注射实验时，应根据不同的实验目的、小鼠品系、药物剂型来决定小鼠注射途径与方法。小鼠注射法分为皮下注射、皮内注射、腹腔注射、肌内注射、脑膜下注射、脑内注射、胸腔内注射、腰椎内注射、静脉注射、关节腔注射和心内注射等。以下将小鼠的主要给药途径和方法做详细介绍。

（1）皮下注射

将药液/溶液用注射器注入背或大腿内侧皮下结缔组织，它们会经淋巴管或毛细血管进入血液循环系统。具体步骤如下：用消毒剂如75%乙醇擦拭注射部位皮肤，然后轻轻提起皮肤，用注射针头斜面朝上与皮肤呈45°刺入皮下，轻轻左右晃动针头，易晃动则表明已成功刺入皮下，轻抽吸针头，如无回血，即可将药物缓慢地注入皮下。注射器拔出时需用左手拇指和食指捏住进针部位少许时间，以防止药液/溶液经进针部位流出。注射剂量为0.01~0.03 mL/g动物体重。

（2）皮内注射

皮内注射是将药液/溶液注入皮肤的真皮和表皮之间，以观察皮肤血管的皮内反应或通透性变化，常被用于接种和过敏等实验。具体步骤如下：用剃刀剪掉注射部位的被毛，然后对该部位进行常规消毒，用左手食指和拇指压住皮肤使之处于绷紧状态，用装有结核菌素连接4.5针头的注射器穿刺皮肤浅层，再向上把针头挑起并稍刺入，药液即可注入皮内。成功完成皮内注射后皮肤会出现一个白色小皮丘，而且皮肤上的毛孔也变得十分明显。皮内注射的剂量一般为0.1 mL/次。

（3）腹腔注射

腹腔注射是小鼠实验中最常用的一种给药方式。具体步骤如下：用左手抓住小鼠背部毛发，翻转小鼠使其腹部向上，然后用右手将注射针头从下腹部（左右均可）刺入皮下并向前推 0.5~1.0 cm，随后把针头以 45° 穿过小鼠腹肌，固定注射器针头并缓缓推入药液（图 1.2）。为避免弄伤小鼠内脏，注射时可采用头低位，使腹腔中的器官自然倒垂向胸部，避免针头刺入时可能对大肠、小肠等器官的损伤。小鼠腹腔注射的给药容积一般为 0.005~0.01 mL/g（俞玉忠等，2011）。

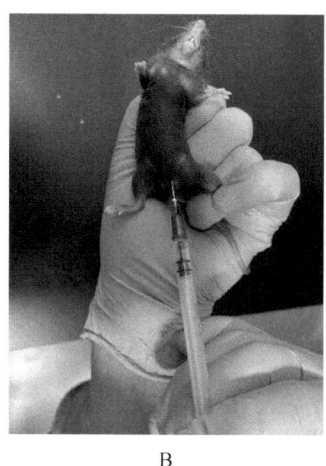

图 1.2　小鼠腹腔注射

（4）肌内注射

小鼠由于体积小且肌肉少，一般很少采用肌内注射药物/溶液。该方法主要用于注射非水溶性、混悬于油或其他溶剂中的药物。具体步骤如下：用小鼠固定器固定小鼠，然后左手抓住小鼠任意 1 条后肢，右手拿起 1 mL 量程注射器，以与半腱肌呈 90°的姿势迅速将针头 1/4 插入肌肉，并缓慢注入药液，用药剂量 ≤ 0.01 mL/g 体重。

（5）静脉注射

将小鼠放在小鼠固定器或 250 mL 倒扣的烧杯中，从固定器或烧杯的引流嘴处拉出尾巴，用左手抓住小鼠尾巴中部，可以发现呈品字形分布的 3 条静脉和位于尾部的腹侧面和背侧面的 2 条动脉。用 75%乙醇棉球反复擦拭小鼠尾部，以达到消毒、使尾部血管扩张和软化表皮角质的目的。尾静脉注射时，为使静脉更为充盈，可用左手拇指和食指捏住鼠尾两侧，并用中指从下面托起尾巴，以无名指夹住尾巴的末梢，右手持 4 号针头注射器，使针头与静脉呈小于 30°从距离尾巴末端 1/4 处进针，药物注入时应匀速缓慢并仔细观察，如果无阻力且无白色皮丘出现，说明已刺入血管，可正式注入药物。对于需连日反复尾静脉注射给药的实验，注射部位应尽可能从尾端开始，按次序向尾根部移动或/和更换血管位置注射给药。注射量为 0.005～0.01 mL/g 体重。针头拔出后，需用拇指轻按压注射部位 1～2 min，防止出血。

3. 小鼠灌胃实验

（1）按正确方法抓取和固定小鼠，然后把小鼠调整到腹部向上、颈部拉直的状态。

（2）固定后，右手将事先吸好药液的灌胃针针头从口角插入小鼠口腔内，然后用灌胃针针头压其头部，使口腔与食管呈一条直线，再将灌胃针头沿上腭壁轻轻插入，轻轻转动针头刺激小鼠吞咽，沿咽后壁慢慢插入食道（图 1.3）。

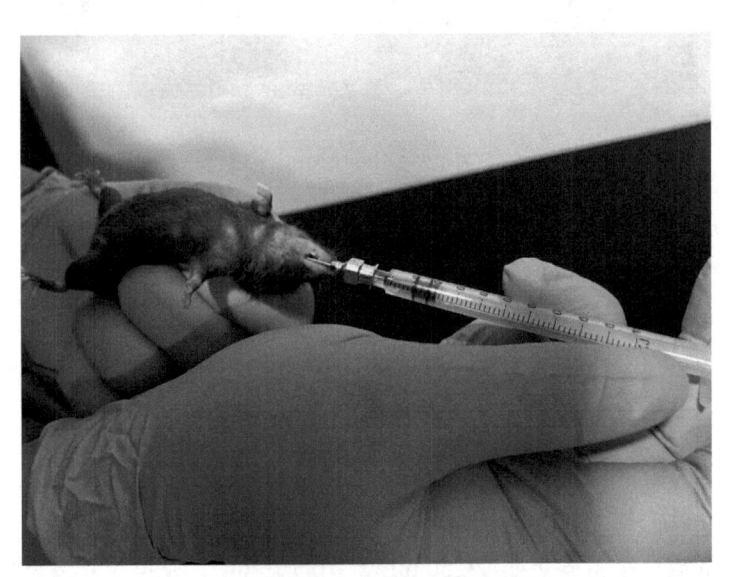

图 1.3　小鼠的灌胃

（3）当感觉针头插入阻隔感消失时，表明灌胃针可能已经进入胃内。如向外抽动注射器活塞，有负压产生，说明灌胃针未插入气管，此时可将药液灌入。

（4）注意事项

灌胃针由注射器和特殊的灌胃针（针头处焊有金属圆突，使消化道免受锋利针头的损伤，同时针头端弯曲大约呈30°，以适应小鼠、大鼠食道生理弯曲）构成。小鼠和大鼠所用灌胃针长度和直径均不相同，小鼠使用的针长/直径为4～5 cm/1 mm，大鼠使用的针长/直径为6～8 cm/1.2 mm。成年小鼠插管深度一般是3 cm，小鼠灌胃量0.01～0.025 mL/g体重。

4. 小鼠解剖实验

（1）用手抓住鼠尾中下部拎起，让小鼠的前爪抓住鼠笼盖，然后抓住小鼠腹腔注射0.5 mL 1%巴比妥钠观察小鼠反应；待小鼠麻醉致死或进入深度麻醉后，即可开始解剖小鼠。

（2）将小鼠四肢用大头针固定，使之呈"大"字形；将小鼠腹部及头颈部皮毛用75%乙醇喷洒润湿，以防解剖时毛乱飞。

（3）从腹部最下端开一小口，剪刀上挑，先剪开上皮，剪至下颌处，观察三对唾液腺；再剪开肌肉层（剪刀上挑以免剪坏内脏），沿腹白线自下而上剪开肌肉，暴露腹腔，再向上剪开肋骨，暴露胸腔，观察内脏结构，包括消化、生殖系统等。

（4）将小鼠口腔向两侧剪开，分开上下颌，观察会厌软骨；剪开腹腔和胸腔，观察小鼠体内结构。实验完毕后将小鼠放入回收袋，洗涤器材，整理桌面。

（5）注意事项

根据麻醉药品使用方式的不同，小鼠麻醉的常用方法可分为腹腔麻醉法和吸入麻醉法两种。

1）腹腔麻醉法：此法是鼠类常用麻醉方法，在进行腹腔注射麻醉剂（常用麻醉剂为巴比妥钠、盐酸氯胺酮等）时，要抓住颈后皮肤皱褶，控制头部移动防止咬伤，迅速将注射针头刺入腹腔，注射完毕立即退出针头。注射时，要避免把针插入胸腔或膀胱，否则会造成动物的死亡或麻醉过浅（孙联康等，2015）。

2）吸入麻醉法：该麻醉方法适用于乙醚、氟烷、氯仿等易挥发的麻醉剂。下面以乙醚麻醉为例：首先用乙醚浸湿棉球，然后将其放入麻醉口罩内，将要麻醉的小鼠用口罩罩住，5～7 min 即可麻醉。该麻醉方法麻醉的深浅度容易控制；但一般麻醉的时间短，小鼠容易苏醒，不适合需要长时间麻醉的实验。

5. 取血

（1）剪尾取血法

用深颜色的布袋将小鼠裹紧装入其中，仅使尾巴露出，然后用酒精棉球涂擦或用温水浸泡以使血管扩张，用剪刀剪断尾尖，尾静脉血即可流出，用手从小鼠尾根向尾尖处轻轻地挤捏，即可取得一定量的血液。取血结束后，用棉球压迫止血。也可采用交替切割尾静脉方法取血。该方法用锋利刀片在尾尖处切破一条尾静脉，每次可取血 0.3～0.5 mL。如做药代动力学相关实验，需多次取血，可从尾尖向尾根轮流取血。由于血液易凝，取全血时，应预先把抗凝剂放于采血管中，如用血细胞混悬液，则立即与生理盐水混合。

（2）眼球后静脉丛取血法

用左手的拇指与中指抓住小鼠颈部皮肤，食指按压其头部，使眼球后静脉丛充血，眼球外突。右手持 1% 肝素浸泡过的自制吸血器，从内眦部刺入，沿内下眼眶壁，向眼球后推进 4～5 mm，旋转吸血针头，切开静脉丛，血液自动进入吸血针筒，轻轻抽吸血管（防止负压压迫静脉丛使抽血更困难），拔出吸血针，放松手压力，出血可自然停止。必要时可在同一穿刺部位重复取血。此法也适用于豚鼠和家兔。

（3）眼眶取血法

左手持鼠，拇指与食指抓紧头颈部皮肤，以使小鼠眼球突出，右手持眼科镊夹一侧眼球，将其摘出，迅速将小鼠倒置，眼眶置于预先加有抗凝剂的玻璃管上端，直至流血停止。此法一般可取小鼠体重 4%～5% 的血液量，是一种较好的取血方法，但仅适用于一次性取血的实验。

（4）心脏取血

小鼠采用仰卧固定于鼠板上，用剪刀将心前区鼠毛剪掉，用酒精等消毒剂对此处皮肤进行消毒，在左侧第 3～4 肋间，用左手食指可摸到心脏搏动，右手持 1 mL 的注射器，在心搏最强处刺入，当针头正确刺入心脏时，鼠血由于心脏跳动的力量，可使血自然进入注射器。但常用的方法是解剖后从心脏取血。将麻醉好的小鼠用大头针以"大"字形固定在解剖盘，用75%乙醇消毒小鼠的腹部皮肤，然后从腹部最下端开一小口，剪刀上挑，先剪开上皮，剪至下颌处，再剪开肌肉层（剪刀上挑以免剪坏内脏），沿腹白线自下而上剪开肌肉，暴露腹腔，再向上剪开肋骨，暴露胸腔，找到心脏大致位置，用1 mL 的注射器插入心脏中吸取血液 1～1.2 mL。

（5）断头取血

戴上棉手套，用左手抓紧小鼠颈部位，右手持锋利的剪刀，用其迅速剪掉鼠头，并将鼠身端的颈部向下，用收集管收集颈部流出的血液，一般小鼠可取血 0.8～1.2 mL。

（6）颈动静脉、股动静脉取血

麻醉小鼠并使之呈背位固定，去除颈部或腹股沟部一侧的毛发，剪开皮肤，找出静脉或动脉，沿动静脉走向用注射针刺入血管取血。一般 20 g 小鼠可取血 0.6 mL。亦可用镊子挑起剪断颈静脉或颈动脉，再用试管取血或注射器抽血。如需股静脉连续多次取血，穿刺部位应尽量靠近股静脉远心端。

6. 小鼠断颈处死

用右手抓住鼠尾根部并将其提起，放在鼠笼盖或者其他粗糙面上，用左手拇指与食指按住小鼠的头颈部，右手持住小鼠尾部，然后用力向后提拉，即可将小鼠的脊髓与脑髓拉断，造成小鼠立即死亡。

五、实验结果

（1）小鼠的抓取

附抓取照片并注明操作人姓名。

（2）采用腹腔注射麻醉剂麻醉小鼠

附操作照片并注明操作人姓名，记录麻醉到苏醒所需时间。

（3）小鼠灌胃

（4）采用尾静脉注射麻醉剂麻醉小鼠

附操作照片并注明操作人姓名，记录麻醉到苏醒所需时间。

（5）描述小鼠麻醉后的状态变化

六、思考题

1. 如何判定幼鼠的雌雄？
2. 小鼠的品系有哪些，如何正确选择合适的小鼠品系进行实验？
3. 查阅并了解常用的小鼠麻醉剂及其优缺点。

第三节 小鼠的抑郁症模型

一、实验目的与要求

（1）了解强迫小鼠游泳模型原理及建立方法；掌握相关实验步骤。

（2）掌握评价强迫游泳模型的行为学标准，了解该模型主要应用场景和功能。

二、实验背景与原理

抑郁症已成为影响人类生活最严重的精神疾病之一。据世界卫生组织2022年发布的相关报告显示，2022年全球抑郁症患者超过3.5亿，约占总人口的4.4%。大约有50%抑郁症患者表现出自杀倾向，约10%患者出现过自杀行为（Herrman，2022）。据沙利文估计，2022年我国抗抑郁药的销售额达到184.1亿元人民币。事实上，大部分的精神疾病用药往往需要长期服用才可以起效，而抗抑郁类药物也不例外。传统抗抑郁药物出现于20世纪50年代，主要以单胺类和5-羟色胺类物质为主（Berman et al.，2000）。然而这些药物常需要长期服用才能改善情绪，而且他们仅能治愈30%左右的抑郁症患者。我们对抑郁症具体机制尚不了解。最近相关研究显示，抑郁症的发生与多种复杂的信号网络相关。单胺类神经递质系统、神经内分泌系统、神经营养系统、神经发生、免疫功能的变化和表观遗传的修饰都被证实参与抑郁症发生。抑郁症具有遗传效应，易感性基因和压力环境因素也能够解释该紊乱的产生机制（Zanos et al.，2016）。

抑郁症的复杂性和异质性特征是研究其神经机制和发生机理的主要限制条件。检测患者外周组织样本具有一定局限性。而其他样本（如人脑）则不易获得且存在多种干扰因素。而且，由于人类感情和大脑过于复杂，简单动物的大脑网络远不及人类及高等灵长类动物。因此迫切需要寻找可以研究抑郁症的动物模型。然而随着研究的不断深入，通过动物模型发现了与多种抑郁症相关的行为方面的分子及信号通路。而且这些分子及信号通路与人类的相符程度也日益增加。因此，动物模型已成为探究抑郁症发生有关的分子机制和信号通路的有效途径。

然而一些研究希望实验样本同时具有同源性和病理学类似性等优点。基于已有的抑郁症发病机理研究，实验动物模型逐渐发展为包括急性或慢性压力模型、基因环境互作模型、外用糖皮质激素类型以及基因敲除模型等多种类型。每种模型都具有自身优势和局限性，目前使用频率较高的是强迫小鼠游泳模型（forced swimming test，FST）（Sunal et al., 1994）。因此我们将着重讨论该模型的具体操作方法和实际应用情境。

FST 是一种测量抗抑郁药物和潜在抗抑郁功能的新型复合物的有效方法。该模型首次在大鼠中测试成功，之后 Porsolt 等人改进了部分操作并在小鼠模型中实施（Petit-Demouliere et al., 2005）。该模型通常用于基础和临床医学研究中，目的在于检测抗抑郁药物疗效和确定多种行为学以及神经生物学治疗方式的合理性。该模型也被用于测试受试小鼠的行为学"补偿"，如动物丧失逃避压力环境能力。这种实验模型具有低成本和易测量等优势，但是受试小鼠需要选择未接受训练个体。与大鼠相比，小鼠对环境适应能力较差，因此可以排除驯化因素的影响。

已有的 FST 测试了多种抗抑郁药物效用，因此研究者可以将这些已发表的实验结果与自己的研究成果对比，找到其中差异性表型。正是因为 FST 测试具有的这些优势，因此使得其成为高效检测抗抑郁药物的重要方法。FST 的另外优势是用于衡量社交行为并且将这些行为转化为可测量的指标。但是考虑到前文提及的小鼠品系和人类行为差异，也需要进一步优化和修正该实验模型的相关检测指标。甚至小鼠个体大小，行为学异常等因素也会影响模型的可信度（Hascoét et al., 2009）。

FST 测试模型也被用于神经遗传学领域研究，旨在探究同抑郁症行为表型相关的基因及遗传学机理。类似的研究还包括比较不同小鼠品系以及使用不同抗抑郁药物产生的不同表现。还有部分实验涉及鉴定参与调控小鼠的行为学表现的重要基因。FST 模型被证实是一种探究行为学与遗传学联系的有效方法，但是 FST 模型无法展现人类全部抑郁症症状及表现。虽然存在这些缺陷，但由于其能够较好地拟合并检测相关抗抑郁药物的作用机制和疗效，因此被认为具有良好可靠性。虽然FST可以用于评价药物的疗效，但是其无法区分导致疗效出现变化的具体分子机制的差异，因此我们需要采用不同的行为学评价方法协同衡量FST模型的实验结果和数据。即使FST无法完全模拟人类抑郁症，也不能深入探究疾病症状发生机理，但是FST模型实验可以找寻潜在抗抑郁药物并提供相应实验证据。

三、实验材料、仪器

（1）实验材料

6~8周龄的雄性ICR小鼠。

（2）实验仪器与用具

1）水箱

圆柱形水箱（高度30 cm；直径20 cm）；使用的水箱材料为透明有机玻璃而不是传统玻璃。水箱的设计高度应当保证小鼠无法攀爬至箱体边缘。水面高度为15 cm左右，保证小鼠完全浸没水中且不能触碰箱体底部。水箱直径和水面高度是影响小鼠行为学表现的重要因素。

2）温度计

本模型实验需要使用防水型红外温度计，记录小鼠体温降低情况。也可以使用普通玻璃型温度计。

3）计时器

4）录像设备

该实验使用带有三脚架的录像机拍摄实验影像。因为可能同时进行多只小鼠实验，因此实时评分是极其困难的。录像机需要具备高分辨率以便于之后进行细节行为评分。在拍摄前应该保证预留充足的存储空间，另外录像存储格式应规范化，方便使用和传输。实验环境应当保证没有影响拍摄效果的因素存在。

5）遮挡板

实验所使用遮挡板主要目的是分隔空间以期望同时进行多组实验。遮挡板在实验期间能够阻挡不同小鼠的视线，避免个体间互相干扰。使用的遮挡板不具有反光特性，防止影响录像机的拍摄效果。

6）白噪声发生器

由于实验室环境不可避免存在某些噪声，而这些杂音会对小鼠行为产生影响。因此在本实验中使用白噪声发生器，降低环境噪声的影响。具体参数设置应当依据实际情况调整。

7）干燥吸水纸和热灯

待实验结束后，将小鼠放回鼠笼前应该使用吸水纸擦干动物表面残留水渍，并且利用热灯照射小鼠，保持其全身干燥，避免小鼠出现体温过低状况。

四、实验方法与步骤

实验前依据实验室实际条件和具体实验目的调整实验方案和具体参数。在实验中保证各实验组小鼠所处的实验环境近似，并尽可能排除外界因素干扰。此外注意小鼠编号和组别的正确性。

1. 强迫小鼠游泳模型

（1）预先将录像机和遮挡板等设备放置于指定位置。为了获得更高分辨率的图像，录像机应尽可能靠近小鼠。

（2）水箱内预先灌入合适水位的纯水，水温保持在23～25℃间，注水量位于水位线附近。使用红外温度计实时测量水温，保证水箱水温处于规定范围。所有水箱温度差别应尽可能减少。

（3）开启白噪声发生器后，将实验小鼠转移至测试房间内。白噪声应当遮盖环境中已有的杂音。确保产生的白噪声能够覆盖所有受试小鼠。

（4）将受试小鼠转移至测试房间内，各测试水箱条件保持一致，尽可能减少转移小鼠过程引起的差异。确保所有受试小鼠测试同时同地进行。

（5）在将小鼠放入水箱前开启录像机。利用尾部固定小鼠，轻缓地将小鼠置于水中，当小鼠浸入水中后，缓慢地解开尾部固定，这样操作能够防止小鼠头部浸入水中。

（6）所有小鼠应该依次放入水箱中，并且记录放入顺序。目的是方便后续记录实验时间。当所有小鼠都放入水箱后，开始计时。通常实验持续时间为 6 min。

（7）在测试期间，确保实验人员与实验动物保持一定安全距离，并且不能发出任何动作和声音。小鼠能够在水中保持游泳动作。与大鼠相比，小鼠无法保持潜水动作，因此为了避免其对实验结果产生影响，将具有潜水能力的小鼠个体从水箱内移除，但是拥有该特性的小鼠比例极低，绝大多数小鼠都未出现这种情况。如果小鼠无法自行游泳，为防止小鼠溺亡，应该提前取出小鼠个体。

（8）6 min 测试结束后，停止录像。录像原则上保持较高的清晰度以及对小鼠的辨识度，但是同时也不能透露每组的编号，防止实验外因素干扰评分结果。

（9）依照之前步骤规定顺序依次提起小鼠尾部将其从水中移出，然后利用吸水纸或者热灯干燥处理小鼠，最后放回各自鼠笼内。

2. 行为学分析方法

（1）小鼠在 FST 测试中的表现具有一定的代表性，所有小鼠从开始到结束测试时长都为 6 min。但是我们实际采用的时间为后 4 min，因为在前 2 min 由于小鼠面对新环境时表现较活泼，容易干扰真实实验结果。

（2）将拍摄录像直接导入电脑，然后进行行为学录像分析。在行为学分析中，分别测量和记录每只小鼠行为学指标。记录时长的后 4 min 减去小鼠在水中运动总时间标记为静止时间。该静止时间作为本实验主要评价指标。

（3）在实验过程中，最主要影响结果的因素是判断小鼠运动状态的依据，本项研究我们使用的判断标准为任何小鼠为了保持身体平衡或使头部处于水面之上的动作都被认为处于运动状态。

（4）在实验室中，我们使用计时软件测量运动状态的持续时间。两种计时器同时开启，第一种计时器记录测试全部时长，在实验即将结束时提前向观察者发出提示音。而第二种计时器测量小鼠运动持续时间。

（5）当使用电脑记录静止时间时，如果有个别小鼠提前进入静止期，可以将其窗口遮挡，避免其状态影响观察者的后续判断。

（6）观察者需要在入职前进行专业培训，每一位观察者首先观看规范的评分录像，使得新观察者树立分辨运动和静止期的信心。之后陪同经验丰富的观察者找出录像存在的错误。如果在上述训练阶段新员都能顺利通过考核，之后再次独立分析相关录像，并与专家讨论观察结果。

五、实验结果

目前已有并公开发表的相关研究揭示了小鼠品系、基因敲除与否、性别以及体型因素对于该实验模型结果的影响，证实了该模型的稳定性。

（1）强迫游泳测试

录像并记录小鼠抑郁持续的时间。附操作照片并注明操作人姓名，记录从开始放入到抑郁所需要的时间。

（2）描述所观察到的小鼠抑郁后的状态变化

六、思考题

1. 不同品系和性别的小鼠之间进入抑郁状态所需时间是否相同？试分析其原因。

2. 如何判断小鼠是否进入抑郁状态？

3. FST 测试有何优缺点？仅用 FST 测试是否足以完成抗抑郁药物的药效评价？

第四节 小鼠的感染模型

一、实验目的与要求

（1）了解动物感染模型的制备方法，及其感染病原的选择标准。

（2）了解动物感染模型的检测指标，掌握根据实验结果判断是否促进感染还是抑制感染。

二、实验背景与原理

人类同感染性疾病一直进行着艰苦地斗争，每年死于感染性疾病的患者不计其数，现在这种斗争依旧在持续之中。新发传染病的不断出现、旧传染病的复现以及耐药性的不断增强都对人类健康造成了威胁。我国是人口大国，是传染性疾病和感染性疾病高频率出现的国家之一。艾滋病、结核病、乙型肝炎、禽流感和新型流感等都给我国带来了巨大的挑战。对于感染性疾病的预防，主要通过切断传染源等综合性措施发挥作用。对其治疗，目前仍有很大的挑战，主要原因是一些病原微生物的生物学特性和致病机理尚不明确等因素使得对感染性疾病的研究面临着极大挑战。而以人本身作为研究对象来深入了解疾病发生机制通常是无法快速完成的。因此须借助整体动物模型来间接研究，将疾病在动物体内重现。动物模型是研究人类疾病的常用方法，通过有意识地改变在自然条件下不可能或者不易排除的影响因素，进而有效地认识疾病的发生发展规律。人类感染疾病的病因有多种多样，发展过程十分复杂，其外在表现也不尽相同。然而，大多数感染性疾病是由某些明确的病原微生物造成的，如病毒、细菌和某些真菌等。

小鼠和人类的免疫系统相似，它们通常会受到相同或相似病原体的攻击。可以利用近交系小鼠对病原体感染反应的明显差异来分析感染的遗传学基础。亦可用遗传技术手段修饰小鼠，以监测体内细菌基因的表达，使其成为研究感染和免疫机制的主要动物模型。哺乳动物感染过程中细菌基因表达的复杂性不能仅通过体外试验来解析。通过微阵列、转录组和小鼠遗传学技术进行的宿主和病原体基因表达谱分析成为体内诱导基因分析的首选方法。

三、实验材料、试剂和仪器

（1）实验材料

C57BL/6L 小鼠、大肠杆菌（*Escherichia coli*）。

（2）实验试剂

1%戊巴比妥钠溶液、ELISA 试剂盒、Luria-Bertani（LB）培养基等。

（3）实验仪器与用具

培养箱、匀浆机、荧光定量 PCR 仪、移液枪、酶标仪、剪刀、镊子等。

四、实验方法与步骤

1. 单细菌感染（以大肠杆菌为例）

下面步骤为大肠杆菌菌液的制备过程。

（1）大肠杆菌划线接种至 LB 固体培养基上，于 37℃ 细菌培养箱中培养 12 h，挑取单菌落，接种于 5 mL LB 液体培养基中，37℃、180 r/min 振荡培养 12 h，然后−80℃ 长期保存。

（2）接种保存的菌株到 5 mL LB 液体培养基中，37℃ 摇床过夜培养；按 1∶100 稀释到新鲜的 5 mL LB 液体培养基中（取 50 μL 过夜培养的菌液），继续 37℃ 摇床培养 2 h。

（3）采用血细胞计数板计数，稀释大肠杆菌的浓度在 2.0×10^6～2.0×10^{10} CFU/mL。

下面步骤为小鼠半致死剂量（LD_{50}）的测定过程。

60 只 6～8 周龄的 C57BL/6L 小鼠（雌雄分别 30 只）饲喂 3 d，随机分为 6 个组：5 个实验组，1 个对照组，每组 10 只，雌雄各 5 只。将已知浓度菌液 10 倍梯度稀释为 2.0×10^6～2.0×10^{10} CFU/mL，分别腹腔注射每个实验组，每组每只小鼠注射量为 0.01 mL/g 体重，对照组注射等量无菌 PBS 溶液。完成注射后，密切观察并记录小鼠的症状及死亡状况，观察和统计时间持续 7 d。实验结束后，用 Karber 法对 LD_{50} 值进行计算（熊浩明等，2013）。

下面步骤为小鼠致死率的测定过程。

取 40 只 C57BL/6L 小鼠饲喂 3 d，随机分为对照组（20 只）和实验组（20 只），雌雄各半。实验组按 0.01 mL/g 体重腹腔注射 10^7 CFU/mL 浓度的菌液，对照组小鼠按体重注射灭菌 PBS 溶液。完成注射后，每 12 h 监测并记录一次生存状况，共 96 h，最后根据存活数据绘制致死率曲线。

2. 多细菌感染

人类脓毒败血症的特征是宿主对局部无法控制的大量感染产生全身反应。目前，脓毒败血症是重症监护病房的十大死亡原因之一。在患脓毒败血症期间，存在两个可能重叠的血流动力学阶段。初始阶段（高动力）巨噬细胞和嗜中性粒细胞产生大量促炎性细胞因子和活性氧，从而影响血管通透性（导致低血压）、心脏功能并诱发代谢变化，最终导致组织坏死和器官衰竭。因此，最常见的死亡原因是急性肾损伤。第二阶段（低动力）是抗炎过程，涉及改变单核细胞抗原呈递，减少淋巴细胞增殖和功能以及增加细胞凋亡，被称为免疫抑制。这种免疫抑制的状态会急剧增加患者霉菌感染的风险，并最终导致死亡。这些病理生理过程的机制尚未很好地表征。由于脓毒败血症的两个阶段都可能导致不可逆转和不可修复的损害，因此确定患者的免疫和生理状态至关重要。这种病程发展的阶段性是许多治疗药物失败的主要原因。在脓毒败血症的不同阶段使用相同的药物可能具有治疗性，或者没有作用，甚至产生其他危害性。要了解脓毒败血症发展的各个阶段，至关重要的是拥有一个能够再现该疾病临床过程的动物模型，能表征脓毒败血症期间发生的病理生理机制并控制测试潜在治疗剂的模型条件（Toscano et al.，2011）。

为了研究人类脓毒败血症的病因，研究人员开发了不同的动物模型。使用最广泛的临床模型是盲肠结扎穿刺（cecal ligation-peferation，CLP）。CLP 模型由盲肠穿孔引发，使得粪便释放到腹膜腔中，从而产生由微生物感染引起的剧烈免疫反应。该模型满足人类临床相关的条件。与人类一样，接受液体复苏的 CLP 小鼠表现出第一个（早期）高动力阶段，该阶段随时间发展到第二个（后）低动力阶段。此外，细胞因子的分布与人类脓毒败血症中的相似，进入第二阶段后淋巴细胞凋亡增加。由于脓毒败血症涉及多种和重叠的发病机制，研究人员需要一个合适的，可控严重程度的脓毒败血症模型，以获得一致且可重复的结果。

CLP 是脓毒败血症及脓毒症休克研究使用最广泛的一种模型。由于该模型可以很好地模拟临床上憩室炎穿孔或阑尾炎穿孔的特点，一直被认作是脓毒败血症研究动物模型的"金标准"。在该模型中，脓毒败血症起源于腹腔内的多种微生物感染，随后细菌易位到血液中，然后引发全身性炎症反应。其原理是穿刺诱导腹腔内感染形成腹膜炎，多重病原体感染导致脓毒败血症、脓毒症休克甚至死亡。

CLP 模型的标准步骤由 Rittirsch 等的报道发展而来（Rittirsch et al., 2009），简要操作如下：结扎盲肠近端处，用无菌针在已结扎的盲肠远端贯通穿刺，造成盲肠壁穿孔，以使粪便可以流入腹腔引起混合性细菌感染及坏死组织处炎症反应。小鼠模型很快即可出现典型脓毒败血症及脓毒症休克的症状。CLP 模型常用 7～9 周龄的 C57BL/6 小鼠构建 CLP 模型。详细操作步骤如下。

（1）通过腹膜内注射 1∶1 氯胺酮（75 mg/kg）和甲苯噻嗪（15 mg/kg）的溶液麻醉小鼠。对照组中，将 30 μL PBS 1∶1 溶液注入体重 20 g 的小鼠中，或者使用麻醉蒸发器用吸入的异氟烷麻醉小鼠。

（2）首先使用电动修剪器剃除腹部下半部分的毛发，然后用 70% 的乙醇棉签擦拭小鼠的该部位进行消毒。也可使用无菌盖布保持该区域清洁。在无菌条件下，进行 1～2 cm 的中线剖腹手术，并在盲肠附近暴露肠道。

（3）用 6.0 丝线（6-0 PROLENE，8680G；Ethicon）将回肠-盲肠瓣膜下方的基部底部紧密结扎，在盲肠同一侧用 19 号针穿孔 1～2 次。需要注意的是，盲肠结扎的长度取决于从盲肠远端到结扎点的距离。距离大于 1 cm 会产生高级别脓毒败血症，距离小于 1 cm 会产生中低级别脓毒败血症。还要注意，此处显示的盲肠穿孔方法与通过穿刺技术（通过盲肠引入针头）的标准方法不同。两种方法均能可靠地产生相同的脓毒败血症结果。但其缺点是，当挤压盲肠时，盲肠穿孔方法不利于控制挤出的粪便量。

（4）轻轻挤压盲肠，从穿孔部位挤出少量粪便。然后把盲肠返回腹腔，并用 6.0 丝线缝合腹膜。用 Reflex 7 mm 夹子（RS-9258，Roboz Surgical Instruments）或 Michel 伤口夹子（7 mm，RS-9270）闭合皮肤。

（5）通过使用25G针皮下注射1 mL预热的0.9％盐溶液使小鼠复苏。这种液体复苏措施将诱发脓毒败血症的高动力期。具体操作步骤见本章第二节关于皮下注射方法的描述。

（6）可选：皮下注射丁丙诺啡（0.05 mg/kg）或曲马多（20 mg/kg）用于术后镇痛。请注意，这些药物可以抑制呼吸和运动，可能被误解为脓毒败血症的征兆。

（7）将动物暂时放在加热垫上，或者立即将其放回笼子中，暴露于150 W的红外加热灯下，直到它们从麻醉中恢复。恢复时间为30 min至1 h。

（8）提供自由进入放置在笼子底部的食物和水（水凝胶）的通道。

（9）每12h监测一次小鼠的存活情况，持续一到两周，或在不同的时间点对这些小鼠实施安乐死以分析不同的参数。

作为实验设计的对照，该动物将采用开腹手术而无须结扎和穿刺。手术后6～12 h，小鼠可能进入昏迷状态，腹泻，肠道拥挤和不适，出现脓毒败血症的所有症状。脓毒败血症非常严重的小鼠在死亡前几乎不能活动，并且体温会急剧下降。此时，应对小鼠实施安乐死，以避免长时间的疼痛和折磨。

为了评估该过程的结果，可以在器官，细胞提取物或体液中分析如下5种指标。可以设置在手术后3 h到1周的不同时间点分别取样。具体指标如下。

（1）抓取小鼠、记录并计算小鼠的存活率。

（2）用 RT-qPCR，ELISA 和平板培养等方法分析CLP组和对照组的血清、腹膜腔和器官提取物中的细胞因子和趋化因子。

1）白介素-6（interleukin-6，IL-6）：由单核细胞、树突状细胞、巨噬细胞、B细胞、T细胞、粒细胞、肥大细胞和许多其他细胞类型产生和释放，它在急性期反应和炎症中起重要作用。

2）肿瘤坏死因子-α（tumor necrosis factor-α，TNF-α）：在炎症和细胞凋亡中起着重要作用的细胞因子。由单核细胞、巨噬细胞、嗜中性粒细胞、树突状细胞和成纤维细胞产生。

3）白介素-1β（interleukin-1β，IL-1β）：由单核细胞、自然杀伤细胞、树突状细胞、B细胞和T细胞产生，可引起发热和急性期蛋白质合成。

4）白介素-10（interleukin-10，IL-10）：促进吞噬细胞摄取和Th2反应，但

抑制抗原呈递和 Th1 促炎反应。

5）单核细胞趋化蛋白-1（monocyte chemotactic protein-1，MCP，也称为 CCL2）：将单核细胞、记忆 T 细胞和树突状细胞募集到组织损伤和感染的部位。

6）CXC 基序趋化因子 1（C-X-C motif chemokine 1，CXCL1）：由巨噬细胞和内皮细胞产生。CXCL1 是有效的嗜中性粒细胞引诱剂和激活剂。

7）巨噬细胞分泌炎症性趋化因子配体 5（CC chemokine ligand 5，CCL5）：它是一种可以诱导白细胞定向移动的分泌蛋白，它可以诱导未刺激的 $CD4^+CD45RO^+$ 记忆 T 细胞以及具有幼稚和记忆表型的刺激 $CD4^+$ 和 $CD8^+$ T 细胞的趋化。

8）γ干扰素（interferon-γ，IFN-γ）：由 Th1 细胞、细胞毒性 T 细胞、树突状细胞和 NK 细胞分泌。增加巨噬细胞中的抗原呈递和裂解活性，并抑制 Th2 细胞活性。促进白细胞黏附和结合，并促进 NK 细胞活性。

（3）测定器官中的髓过氧化物酶（myeloperoxidase，MPO）作为中性粒细胞浸润程度的判断标准。MPO 是在嗜中性粒细胞中存在量最大的一种过氧化物酶。它是一种溶酶体蛋白，存储在嗜中性粒细胞的嗜酸性颗粒中。MPO 具有血红素色素，可在富含中性粒细胞（如脓液和某些形式的黏液）的分泌物中形成绿色。

（4）组织载菌量测定

组织载菌量（bacterial burden）是客观反映小鼠体内感染情况的敏感观察指标。对感染细菌 18 h 的小鼠，使用 1%戊巴比妥钠溶液进行麻醉，并且实施安乐死，分别取血液、肝脏、脾脏和腹腔灌洗液收集于无菌的 EP 管中。将组织匀浆、血液和腹腔灌洗液分别用无菌 PBS 按 10 倍倍比浓度（1∶1~1∶1000 4 个稀释度）进行系列稀释。将稀释好的样本，分别均匀涂布于 Luria-Bertani 培养基上，37℃孵育 18 h。每个样本单独进行菌落计数，并且计算组织载菌量。

（5）炎症因子表达（cytokine production）

炎症因子是一类具有调节细胞的生长，分化和活化的分泌性蛋白。它亦可通过参与免疫应答调节的多个过程介导各种免疫反应。例如，常见的 TNF-α、

IL-1β、IL-10、G-CSF、C3、IFN-γ 和 CXCL-10 等主要的炎症因子，均在炎症反应急性期中发挥重要作用。取 CLP 小鼠和对照组小鼠腹腔中的巨噬细胞，然后分别提取 RNA，反转录成 cDNA，通过 RT-qPCR 检测 *C3*、*G-CSF*、*IFN-γ*、*IL-10*、*CXCL-10*、*IL-1β* 和 *TNF-α* 的 mRNA 表达水平；通过 ELISA 检测 C3、G-CSF、IFN-γ、IL-10、CXCL-10、IL-1β 和 TNF-α 的蛋白表达水平，最终通过与对照组进行比较，评价小鼠受感染程度。

五、实验结果

（1）计算实验组和对照组小鼠的存活率。

（2）检测实验组和对照组小鼠的血清、腹膜腔和器官提取物中的细胞因子和趋化因子的变化。

（3）测定实验组和对照组小鼠的器官中的 MPO 活性变化情况，以此作为中性粒细胞浸润程度变化的判断标准。

（4）测定并比较实验组和对照组小鼠的组织的载菌量变化。

（5）测定并比较实验组和对照组小鼠的炎症因子表达变化。

六、思考题

1. 如何判定 CLP 模型成功建模？
2. 影响 CLP 模型感染程度不同的主要原因有哪些？

参 考 文 献

孙联康，张辉，党永辉. 神经科学研究中大鼠和小鼠的麻醉[J]. 国外医学：医学地理分册，2015，36(4)：298-303.

熊浩明，魏柏青，魏荣杰，等. 用SPSS软件计算鼠疫菌半数致死量(LD_{50})[J]. 中国人兽共患病学报，2013，29(11)：1127-1130.

俞玉忠，穆斌. 浅谈小鼠腹腔注射的方法与技巧[J]. 中国实用医药，2011，6(22)：249.

Beck JA, Lloyd S, Hafezparast M, et al. Genealogies of mouse inbred strains[J]. Nature Genetics, 2000, 24(1): 23-25.

Berman RM, Cappiello A, Anand A, et al. Antidepressant effects of ketamine in depressed patients[J]. Biological Psychiatry, 2000, 47(4): 351-354.

Brehm MA, Cuthbert A, Yang C, et al. Parameters for establishing humanized mouse models to study human immunity: analysis of human hematopoietic stem cell engraftment in three immunodeficient strains of mice bearing the *IL2rgamma(null)* mutation[J]. Clinical Immunology, 2010, 135(1): 84-98.

Castle WE, Little CC. On a modified mendelian ratio among yellow mice[J]. Science, 1910, 32(833): 868-870.

Erickson CA, Veenstra-Vanderweele JM, Melmed RD, et al. STX209 (arbaclofen) for autism spectrum disorders: an 8-week open-label study[J]. Journal of Autism and Developmental Disorders, 2014, 44(4): 958-964.

Hadjikhani N, Åsberg J J, Lassalle A, et al. Bumetanide for autism: more eye contact, less amygdala activation[J]. Scientific Reports, 2018, 8(1): 3602.

Hascoét M, Bourin M. Mood and anxiety related phenotypes in mice[J]. Neuromethods, 2009, 42: 85-118.

Herrman H, Patel V, Kieling C, et al. Time for united action on depression: a Lancet-

World Psychiatric Association Commission[J].Lancet, 2022, 399: 957-1022.

Huguet G, Ey E, Bourgeron T. The genetic landscapes of autism spectrum disorders[J]. Annual Review of Genomics and Human Genetics, 2013, 14: 191-213.

Ito R, Takahashi T, Katano I, et al. Current advances in humanized mouse models[J]. Cellular & Molecular Immunology, 2012, 9(3): 208-214.

Lemonnier E, Villeneuve N, Sonie S, et al. Effects of bumetanide on neurobehavioral function in children and adolescents with autism spectrum disorders[J]. Translational Psychiatry, 2017, 7(5): e1124.

Orefice LL, Mosko JR, Morency DT, et al. Targeting peripheral somatosensory neurons to improve tactile-related phenotypes in ASD models[J]. Cell, 2019, 178(4): 867-886.

Orefice LL, Zimmerman AL, Chirila AM, et al. Peripheral mechanosensory neuron dysfunction underlies tactile and behavioral deficits in mouse models of ASDs[J]. Cell, 2016, 166(2): 299-313.

Paigen K. One hundred years of mouse genetics: an intellectual history. Ⅰ. The classical period (1902-1980)[J]. Genetics, 2003a, 163(1): 1-7.

Paigen K. One hundred years of mouse genetics: an intellectual history. Ⅱ. The molecular revolution (1981-2002)[J]. Genetics, 2003b, 163(4): 1227-1235.

Pearson T, Greiner DL, Shultz LD. Creation of "humanized" mice to study human immunity//Current Protocols in Immunology[M]. New York: John Wiley&Sons, Inc. 2008.

Petit-Demouliere B, Chenu F, Bourin M. Forced swimming test in mice: a review of antidepressant activity[J]. Psychopharmacology (Berl), 2005, 177(3): 245-255.

Reardon S. Sex matters in experiments on party drug—in mice[J]. Nature News, 2017.

Rittirsch D, Huber-Lang MS, Flierl MA, et al. Immunodesign of experimental sepsis by cecal ligation and puncture[J]. Nature Protocols, 2009, 4(1): 31-36.

Saunders CJ, Minassian BE, Chow EW，et al. Novel exon 1 mutations in MECP2 implicate isoform MeCP2_e1 in classical Rett syndrome[J] .Am J Med Genet A, 2009, 149A(5): 1019-1023.

Shultz LD, Brehm MA, Garcia-Martinez JV, et al. Humanized mice for immune system investigation: progress, promise and challenges[J]. Nature Reviews Immunology, 2012, 12(11): 786-798.

Shultz LD, Ishikawa F, Greiner DL. Humanized mice in translational biomedical research[J]. Nature Reviews Immunology, 2007, 7(2): 118-130.

Silver LM. Mouse genetics: concepts and applications[M]. Oxford: Oxford University Press, 1995.

Sorge RE, Martin LJ, Isbester KA, et al. Olfactory exposure to males, including men, causes stress and related analgesia in rodents[J]. Nature Methods, 2014, 11(6): 629-632.

Sunal R, Gümüsel B, Kayaalp SO. Effect of changes in swimming area on results of "behavioral despair test"[J]. Pharmacology Biochemistry and Behavior, 1994, 49(4): 891-896.

Toscano MG, Ganea D, Gamero AM. Cecal ligation puncture procedure[J]. Journal of Visualized Experiments, 2011, (51): 2860.

Veenstra-Vander Weele J, Cook EH, King BH, et al. Arbaclofen in children and adolescents with autism spectrum disorder: a randomized, controlled, phase 2 trial[J]. Neuropsychopharmacology, 2017, 42(7): 1390-1398.

World Health Organization. Depression and Other common mental disorders: global health estimates. 2017.

Zanos P, Moaddel R, Morris PJ, et al. NMDAR inhibition-independent antidepressant actions of ketamine metabolites[J]. Nature, 2016, 533(7604): 481-486.

第二章 拟 南 芥

第一节 拟南芥研究简介

一、拟南芥的特点

拟南芥［*Arabidopsis thaliala*（L.）Heynh］，属被子植物门双子叶植物纲十字花科鼠耳芥属。广泛分布于欧亚大陆和非洲西北部，在我国内蒙古、新疆、陕西、甘肃、西藏、山东、江苏、安徽、湖北、四川、云南等地均有分布。

拟南芥的下列特点使其成为了研究植物遗传学和生长发育的理想材料。

（1）生长周期短，从种子萌发到成熟仅需6周。

（2）基因组小（125 Mbp，约25900个基因），是目前已知高等植物中基因组最小的。

（3）一个染色体组含5条染色体，1.3亿对碱基，染色体数目少。

（4）具有双子叶植物的特性，整个生命周期经历种子萌芽，植株的生长、发育、开花、结果、衰老、死亡等一系列生物学过程。

（5）形态特征分明（图2.1），植株基部为倒卵形或匙形的莲座叶，植株茎上着生披针形或线形的无柄叶，有侧枝，总状花序，十字花冠，四强雄蕊，长角果。

（6）通过有效的农杆菌介导转化，易获得大量突变体。

（7）有限空间内可大量种植，种子数量多（徐平丽等，2006）。

图 2.1　拟南芥的形态（引自 https://www.cas.cn/kxcb/kpwz/201207/t20120709_3611164.shtml）

二、拟南芥在植物科学领域中的主要研究

拟南芥的研究可以追溯到 16 世纪。1943 年，莱巴赫（Laibach）详细阐述了拟南芥作为模式生物的优势，并促成了 1965 年在德国召开的一届国际拟南芥会议。1986 年，梅耶罗维茨（Meyerowitz）实验室首次报道了对拟南芥一个基因的克隆，1988 年发表了拟南芥基因组的首个限制性片段长度多态性（restriction fragment length polymorphism，RFLP）图谱（张振桢等，2006），在此之后的几年中，相继报道了 T-DNA 插入突变基因的克隆、基于基因图谱的基因克隆等。并在 2000 年由国际拟南芥基因组合作联盟（The Arabidopsis Genome Initiative）完成了基因组全序列的测序工作，成为第一个被完整测序的植物。如今拟南芥在形态发生与生长发育、分子遗传学、基因功能和基因表达调控、抗生物与非生物逆境等研究领域做出了重要贡献，已成为世界应用最广泛的模式植物，被科学家们誉为"植物中的果蝇"。

拟南芥的形态发生和生长发育特点决定了其很容易通过人工诱变得到大量突变体。目前研究拟南芥的突变类型主要包括形态和颜色的变异以及激素缺陷或抗性突变等。由于发生了变异位点上的基因参与了植物体重要的生理生化反应以及生长发育过程，研究者们通过克隆这些基因并研究其功能，可以从分子水平上解释控制植物的形态发生和生长发育过程。早期在拟南芥形态建成的研究中，最突出的成果是科恩（Coen）和梅耶罗维茨（Meyerowitz）从拟南芥中得到的控制不同花器官发育的 A、B、C 三类基因，即花发育的 ABC 模式（Coen & Meyerowitz, 1991）。时隔十年，通过对拟南芥的 *sepallata1,2,3* 三重突变体的研究，确定了 E 类基因对花部器官发育的重要性，提出拟南芥花发育的更精确模型，即 ABCE 模式（Theissen et al., 2001）。随着研究技术和手段的提高和运用，拟南芥在形态发育方面的研究也得到突破性进展。罗查（Rocha）等（2016）揭示了细胞壁生物合成相关蛋白 FUT1 的晶体结构，从结构层面阐明了 FUT1 的功能。王佳伟研究组通过单细胞 RNA 测序技术在单细胞水平揭示了拟南芥根尖和茎尖单细胞图谱，描绘了拟南芥发育全景图，并重构了根尖分生组织细胞的发育轨迹（Zhang et al, 2019），将根发育生物学从原先的组织器官水平提升到了单细胞水平。研究团队通过转录组差异性分析重构了完整的植物细胞周期图谱，并刻画了茎尖干细胞分化成为不同细胞类型的动态连续过程。此外，他们还通过整合分析茎尖、叶片和根尖单细胞转录组数据集，构建了第一张拟南芥单细胞全景模式图，发现地上和地下部分在表皮细胞和维管束分化中既存在相似性又具有不同的发育特征。同样采用单细胞高通量 RNA 测序，加拉（Gala）等（2021）揭示了拟南芥侧根起始的分子机制，包括原基对邻近细胞的转录影响；奥特雷（Otero）等（2022）建立了高质量的拟南芥根的韧皮部极单细胞图谱，可用于各细胞类型的发育轨迹和共表达分析，为早期韧皮部的研究提供了助力。

基于生物进化过程中的保守性以及生物基因组之间较大的相似性，科学家们利用拟南芥的基因转化，研究其不同基因在发育过程中或某种环境下的基因表达与调控，从而为进一步研究其他植物提供基础。例如，在转基因拟南芥植株中得到的能增强抗寒、抗旱和抗盐碱能力的 *Drebi/Cbf* (C-repeat binding transcription factor/dehydrate responsive element binding factor)基因已成功地在许多不同作物中得到应用。在水稻中过量表达拟南芥 *Hardy*（*HRD*）基因增强了水稻的水分利用效率和抗旱能力。哈特（Hart）等（2019）通过定向进化方法，在拟南芥中获得向光素（phototropin）phot 1 和 phot 2 对光敏感性减慢的突变体，从而具有更快速和稳健的叶绿体运动响应和改善的叶定位，使得在光限制条件下增加植物生物量。

拟南芥还被认为是研究植物与病原菌之间相互关系的理想模式物种，钙离子是植物免疫反应（pattern-triggered immunity，PTI）的重要信号，最新研究发现在 PTI 免疫钙信号减弱的拟南芥突变体中编码环核苷酸门控通道（cyclic nucleotide-gated channels，CNGC）蛋白 CNGC2 和 CNGC4 组装成钙通道，并在静息状态下被钙调蛋白阻断。而当病原体攻击后，BIK1 激酶能激活 CNGC2 和 CNGC4 通道（Tian et al.，2019），苏黎世大学西里尔·齐普费尔（Cyril Zipfel）团队进一步揭示拟南芥中的 OSCA1.3 是气孔免疫所需的 Ca^{2+} 渗透通道（Thor，2020）。这两项研究成果解决了植物病理信号反应研究领域长期以来一直期待解决的关键问题，为植物病理早期信号的感应提供了全新的作用范式。辛秀芳研究团队等（Yuan et al.，2021）利用拟南芥与丁香假单胞杆菌（*Pseudomonas syringae*）互作系统开展研究，发现拟南芥效应子触发免疫（effector-triggered immunity，ETI）反应的发生也依赖 PTI 通路中的多种元件，进而揭示了植物细胞膜表面定位模式识别受体（cell-surface localized pattern-recognition receptors，PRRs）与胞内免疫受体（核苷酸结合富亮氨酸重复序列受体，nucleotide-binding leucine-rich repeat receptors，NLRs）协同激活植物免疫的新机制，增进了人们对植物先天免疫系统的认识，是植物免疫研究领域的一项突破性进展。

第二节　拟南芥的种植

一、实验目的与要求

（1）学习拟南芥的培养方法，熟练掌握拟南芥的种植过程。
（2）掌握拟南芥种子的收集和保存方法。

二、实验背景与原理

拟南芥个体小、生活周期短，种植和生长不受季节限制，便于实验室种植，易操作，取材方便，所以被广泛应用于植物遗传学、生长发育和分子生物学研究，是较为理想的材料。

三、实验材料、试剂和仪器

（1）实验材料
拟南芥种子。
（2）实验试剂
营养土、MS（Murashige Skoog）培养基、蛭石、75%乙醇、2.5%次氯酸钠、无菌水。
（3）实验仪器与用具
光照培养箱、盆、培养皿、超净工作台、灭菌锅、4℃冰箱、镊子、牙签。

四、实验方法与步骤

（一）种子处理

（1）种子消毒处理
首先采用75%乙醇对拟南芥种子进行表面消毒，时间30 s，而后用无菌水漂洗1次，再用2.5%次氯酸钠溶液浸泡8 min后，无菌水漂洗6次。
（2）点样和春化
将消毒处理后的种子，用牙签或灭菌的镊子点播于1/2 MS固体培养基

（3%蔗糖，1%琼脂，pH 5.8）上，每次仅点一粒种子，根据培养皿的大小，确定种子的多少，每个 90 mm 培养皿上大约种 30 粒种子。种子点样完毕后，将培养基密封，置于 4℃冰箱里放置 48~96 h，完成春化作用。

（二）幼苗在培养基中的生长

将春化后的培养基竖直放入光照培养箱或温室（光照强度 6000 lx，温度 25℃，空气湿度 70%~80%）中进行培养（日光 16 h，黑暗 8 h）。当生长到 8 片叶子时，将培养皿稍稍倾斜，这样有利于根的伸长，当植株生长到 3 周时，进行移植（图 2.2）。

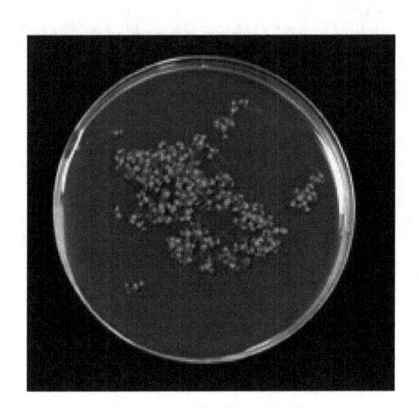

图 2.2　培养基培养

（三）直接播种法

种种子前，要将营养土用自来水混匀后，121℃灭菌 30 min，待土冷却后，装入种植拟南芥的方盒中。将要点的种子平铺在称量纸上，用牙签蘸取一粒种子点在营养土上。每个小盒子种 5 粒种子，每个大方盒子种 9 粒种子，将点好样的盒子放入 22℃温室，并待植物长出 4 片叶子时，可以根据自己的实验需求对植物的幼苗进行取舍。

（四）幼苗的移植

用镊子小心地除去幼苗根附近的琼脂，将幼苗从培养基中取出，在此过程要注意保护幼苗的根部。可在移幼苗前预备一培养皿，向其中加入约 1/3

的营养液,把拿出的幼苗小心地放入营养液中,轻轻地用镊子拨动根部,将根部上粘连的琼脂清洗干净。

1. 土培法

栽培拟南芥的介质要求有良好的排水性,因此一般利用混合的沙子,蛭石等惰性介质,保持良好的排水,防止过湿引起真菌和昆虫幼虫的滋生。常用的混合物有泥炭土、蛭石、珍珠岩,其比例为泥炭土∶蛭石∶珍珠岩=1∶1∶1。将混合物混合均匀后,分装入小花盆中。为了使介质有更好的排水性和通气性,混合物在花盆中的高度有 3~4 cm 便可,并且在配制混合物的过程中要保持珍珠岩完整和土质膨松。

用镊子尾部将幼苗小心地插入已挖好的洞中,用混合介质将幼苗根部掩埋。掩埋过程中土质要保持疏松,珍珠岩保持完整便可。然后缓慢地拿出镊子,并将剩余部分用介质填平,一般直径为 8 cm 的小花盆移植 1~2 株幼苗便可。当幼苗移植完成后,利用滴管滴 1~2 滴营养液于根部所在土壤位置的表面(图 2.3)。

图 2.3　土培

2. 水培法

将幼苗移入泡沫浮漂中进行缓苗,缓苗两天后,转移到带孔的泡沫板上进行水培,水培溶液采用 1/4 霍格兰(Hoagland)培养液,pH 5.8,每周更换一次培养液。

（五）植株生长条件的控制

幼苗移植后将花盆置于温室或培养箱，温度22℃，空气湿度70%～80%，光照强度100～150 μmol/（m²·s），光照时间：营养生长期间，光10 h，暗14 h；生殖生长期间，光16 h，暗8 h。每天上午、下午在固定的时间各浇一次纯净水；一周浇一次营养液。

（六）种子的收集和保存

拟南芥种子在长角果的果实里，当长角果由绿变黄时，开始单个采集，但此时种子中含有较多的生长抑制剂。故当长角果变褐时需及时采集，这时得到的种子既成熟又易发芽。

种子的收集：在桌面上铺几张干净的纸，戴上手套，将要收种的植物的果序用手将种子搓揉到纸上，再将纸上的大的杂质挑去后，将种子装到信封中，密封后将装有种子的信封置于干燥环境下，在室温条件下放置2～3周便可进行储藏。种子的储存可根据储存的目的不同，分为短期、中期、长期储藏。一般短期、中期储藏是将种子储存在4℃，而长期储藏是保持在-20℃温度下。当取用长期储藏的种子前，先将储存种子的容器预热到室温，或者将其置于37℃水浴10 min，以尽量使冰害降至最低。

五、实验结果

收集并得到成熟的种子。

六、思考题

1. 拟南芥生长的不同时期浇水要注意哪些问题？
2. 影响拟南芥生长的因素有哪些？

第三节 拟南芥浸花法转基因实验

一、实验目的与要求

了解浸花法（floral tip）转化的机理；掌握拟南芥浸花法转化的技术。

二、实验背景与原理

（一）实验背景

1. 植物转基因技术的基本概念和应用

植物转基因技术又称遗传转化技术，是把从动物、植物或微生物中分离到的目的基因转移到植物的基因组中，即对植物进行遗传转化，使其在性状、营养和品质等方面满足人类需要的技术。如将抗虫、抗病毒、抗细菌、抗真菌、抗除草剂、抗逆境的基因以及产量、品质、雄性不育、延长保鲜期、生长发育调控等基因分别转入作物中（朱彦涛等，2008）。

植物转基因技术克服了植物有性杂交的限制，使基因交流的范围无限扩大，可将病毒、细菌、远缘植物、动物、人类，甚至人工合成的基因导入植物，改变生物的遗传性能，使其符合人类消费的需要（陈小玉，2020）。1983年，抗除草剂转基因烟草的成功培育，标志着人类用转基因技术改良农作物的开始。随后，全世界转基因研究至少在35科近200种植物中获得了成功。目前广泛种植的有转基因的粮食作物，如水稻、玉米，转基因的蔬菜、瓜果、花卉等。

植物转基因的技术包括目的基因的分离和鉴定、植物表达载体的构建、植物细胞的遗传转化、转化细胞的筛选、转基因植物细胞的鉴定以及外源基因表达的检测（朱彦涛等，2008）。其中目的基因的分离和鉴定、植物表达载体的构建主要通过分子生物学技术和基因工程的方法完成。

2. 植物遗传转化方法

植物遗传转化法分为直接转化法和间接转化法。

（1）直接转化法

直接转化法又称非载体转化法，是指通过各种物理、化学的方法将 DNA 直接导入受体细胞进行遗传转化的方法。主要有电穿孔法、基因枪法、聚乙二醇（polyethylene glycol，PEG）介导的原生质体转化法和花粉管通道法。

电穿孔法是通过高强度的电场作用，瞬时提高细胞膜的通透性，从而吸收周围介质中的外源分子。将核苷酸、DNA 与 RNA、蛋白类、染料及病毒颗粒等导入原核和真核细胞内。相对其他物理和化学转化方法，电穿孔法是一种有价值和有效的替代方法（刘芳，2012）。

基因枪法又叫粒子轰击细胞法或微弹技术。基因枪的作用是用压缩气体（氦或氮等）动力产生一种冷的气体冲击波进入轰击室（因此可免遭由"热"气体冲击波引起的细胞损伤），把粘有 DNA 的细微金粉打向细胞，穿过细胞壁、细胞膜、细胞质等层层构造到达细胞核，完成基因转移。只有很少部分的细胞符合这样的要求，大多数会因为力道不对而失败，但这少部分细胞已足够完成基因转移操作的需要。利用氦气、金粉的原因主要是：密度大，穿孔容易；活性小，不易毒害细胞。主要适用于单子叶植物，但转化效率较低。

PEG 介导的原生质体转化法是通过 PEG 的介导作用将遗传因子转入受体细胞原生质体中的一种方法，原生质体的制备与再生是转化的关键。此外，$CaCl_2$ 也是不可或缺的成分。目前，多数丝状真菌的转化是以原生质体作为感受态细胞，在一定浓度的 $CaCl_2$ 和 PEG 等条件下和需转化的外源 DNA 混合完成的。因此，PEG 介导的原生质体转化法包括原生质体的制备和原生质体转化两个主要过程。

花粉管通道法是在授粉后向子房注射含目的基因的 DNA 溶液，利用植物在开花、受精过程中形成的花粉管通道，将外源 DNA 导入受精卵细胞，并进一步地被整合到受体细胞的基因组中，随着受精卵的发育而成为带转基因的新个体。该方法于 20 世纪 80 年代初期由我国学者周光宇提出，我国推广面积最大的转基因抗虫棉就是用花粉管通道法培育出来的。该法的最大优点是不依赖组织培养人工再生植株，技术简单，不需要装备精良的实验室，常规育种工作者易于掌握。

（2）间接转化法

间接转化法又称载体转化法，是指以生物体为媒介的方法，有病毒介导法和农杆菌介导法。

病毒介导法是以病毒为媒介对植物进行遗传转化的载体系统，即将外源基因插入到病毒基因组中，通过病毒对植物细胞的感染而将外源基因导入细胞的一种植物转基因方法。

农杆菌介导法主要以植物的分生组织和生殖器官作为外源基因导入的受体，通过真空渗透法、浸蘸法及注射法等方法使农杆菌与受体材料接触，以完成可遗传细胞的转化，然后利用组织培养的方法培育出转基因植株，并通过抗生素筛选和分子检测鉴定转基因植株后代。农杆菌介导法以其费用低、拷贝数低、重复性好、基因沉默现象少、转育周期短及能转化较大片段等独特优点而备受科学工作者的青睐。

（二）实验原理

1. 农杆菌介导法原理

根癌农杆菌和发根农杆菌中细胞中分别含有 Ti 质粒和 Ri 质粒，其上有一段 T-DNA，农杆菌通过侵染植物伤口进入细胞后，可将 T-DNA 插入到植物基因组中，并且可以通过减数分裂稳定地遗传给后代。人们将目的基因插入到经过改造的 T-DNA 区，借助农杆菌的感染实现外源基因向植物细胞的转移与整合，然后通过细胞和组织培养技术，再生出转基因植株。

2. 农杆菌侵染拟南芥花序转化法的实验原理

对生长 5~6 周已抽薹的拟南芥打顶来促进侧枝生长，待花序大量产生时将其在含有转化辅助剂 silwet 和蔗糖的农杆菌溶液中浸泡几分钟，3~4 周后对转化植株收种子。在含有合适抗生素的平板上对种子进行筛选，能够健康生长的幼苗为转基因植株。

三、实验材料、试剂和仪器

（1）实验材料

生殖期的拟南芥植株、含目的基因质粒的农杆菌（带有潮霉素抗性筛选基因 *hpt*）。

（2）实验试剂

利福平（rifampicin，Rif）、卡那霉素（kanmycin，Kan）、庆大霉素（genmycin，Gen）、蔗糖、silwet 表面活性剂、LB 液体培养基。

（3）实验仪器

超净工作台、恒温摇床、培养箱、台式高速离心机、涡旋仪、抽滤器、高压灭菌锅、电子天平、酸度计、培养室等。

（4）实验用具

微量移液器、金属药匙、牙科手术钩或细菌涂布器、100 mL 无菌三角瓶、直径 9 cm 培养皿、200 μL 及 1 mL 枪头、枪形镊、无菌滤纸等。

四、实验方法与步骤

1. 农杆菌感受态细胞的制备

挑取根癌农杆菌 GV3101 单菌落于 5 mL 含 100 μg/mL 利福平、50 μg/mL 卡那霉素和 50 μg/mL 庆大霉素的 LB 液体培养基中，28℃ 振荡培养过夜；取过夜培养菌液 500 μL 接种于 50 mL LB（含相应抗生素）液体培养基中，28℃ 振荡培养 4～8 h（OD_{600} 为 0.5～0.8）；冰浴 30 min，4000 r/min，4℃ 离心 10 min，加入 10 mL 预冷的 20 mmol/L $CaCl_2$ 悬浮农杆菌细胞，4000 r/min，4℃ 离心 10 min；加入 2 mL 预冷的 20 mmol/L $CaCl_2$ 悬浮细胞，冰浴，分装成每管 100 μL，液氮中速冻后，置 -80℃ 保存备用。

2. 构建带有目的基因的质粒转化（冻融法）根癌农杆菌 GV3101

从 -80℃ 冰箱中取出 GV3101 感受态细胞（100 μL），置于冰上解冻；加入 5 μL 含目的基因的质粒，轻轻混匀；冰水浴 5 min；液氮冷冻 8 min；37℃ 水浴热激 5 min；加入 900 μL LB/（Gen + Kan + Rif）液体培养基后于 28℃，160 r/min 振荡培养 3～5 h 复苏；复苏结束后于 4000 r/min 室温离心 5 min；吸去 800 μL 上清，然后重悬菌体，将菌体涂布于 LB/（Gen + Kan + Rif）固体平板上；28℃倒置培养 2 d 直至长出阳性菌落；挑取单克隆菌落，经 LB/（Gen + Kan + Rif）液体培养，通过菌落（或菌液）PCR 验证，以确认是否成功转化。经验证转化成功的农杆菌即可用于后期拟南芥转化用。

3. 冻融法转化农杆菌

目的质粒与农杆菌 GV3101 感受态混匀，冰上共孵育 5～30 min，液氮中冻 5 min，37℃ 5 min，冰上 2 min，加入无抗性 LB 液体培养基 28℃ 恢复培养 2～4h，涂相应抗性板，28℃ 培养 24～48 h。

4. 摇菌

PCR 鉴定单克隆，挑选阳性单克隆接入 2～3 mL 相应抗性 LB 液体培养基中，小幅摇动 24～48 h 至橙黄色，。按 0.5%～1%接种量接入约 150 mL 相应抗性 LB 液体培养基中，过夜至橙黄色。

5. 收菌

5000 r/min 10 min（最好用 250 mL 的离心瓶，50 mL 的离心管也可）。菌体沉淀用等体积（大幅摇动菌的 LB 体积，不是沉淀的体积，收菌的时候在瓶子上画个线即可）5%蔗糖溶液（水溶）重悬，手晃、枪吹打、涡旋均可。加入约 0.1%silwet 摇匀。

6. 侵染

（1）对生长 5～6 周已抽薹的拟南芥打顶来促进侧枝生长。植株在前一天浇足水。

（2）待侵染的植株剪去果荚和开放的花，待花序大量产生时将其在含有转化辅助剂 silwet 和蔗糖（5%蔗糖重悬的菌液）的农杆菌溶液中浸泡几分钟（图 2.4）。

（3）将保鲜膜铺在桌子上或地上，将植株的花序和茎（茎上的腋芽）浸入侵染液，静置 30～60 s，拿出放置于保鲜膜上，包起来（包住盆的一部分和植株全部），平着放入黑色塑料袋内或者盆内（遮光即可）。18～22 h 后，揭去保鲜膜，正向放置生长即可。如此时发现还有明显菌液，可晃一晃去除，令植株的花序不要粘在一起。揭保鲜膜不超过 20 h。侵染 7～10 d 后可以进行第二次侵染。

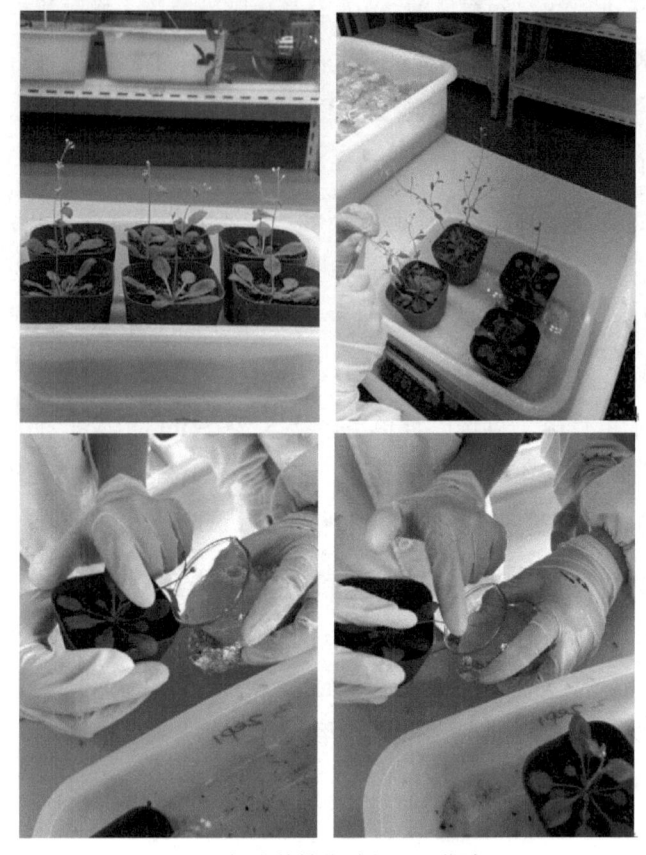

图 2.4 拟南芥转化过程（浸花法）

7. 收种子

3~4 周后，当角果自然开裂，收取种子。此时的种子为 T₀ 代种子。

五、实验结果

将所收获的 T₀ 种子消毒后，播于筛选培养基上。暗培养 4℃ 冷处理 3 d，转移至培养室培养，并给予正常光照和水分。约两周后，将绿色抗性幼苗移栽至栽培介质中继续生长。按单株收获转基因株系并挂牌标识，待种子成熟后收获的种子为 T₁ 代种子，转基因的种子连续播种三代后得到纯合体（即 T₃ 代），T₃ 代用于科学研究。

六、思考题

1. 在实验过程中，需要注意哪些事项才能提高转基因的效率？
2. 植物转基因的技术应用有哪些？

参 考 文 献

陈小玉. SlGATA17 转录因子调控番茄耐旱性功能及应答机制研究[D]. 东北农业大学硕士学位论文，2020.

刘芳. 分解肌酐、尿酸基因工程菌的构建及其功能研究[D]. 中南大学硕士学位论文，2012.

徐平丽，张传坤，孙万刚，等. 模式植物拟南芥基因组的研究进展[J].山东农业科学，2006，6：100-102.

张振桢，许煜泉，黄海. 拟南芥——一把打开植物生命奥秘大门的钥匙[J].生命科学，2006，18(5)：442-446.

朱彦涛，徐虹，郭蔼光，等. 植物转基因技术与当代社会发展[J]. 中国农学通报，2008(04)：509-522.

Arabidopsis Genome Initiative. Analysis of the genome sequence of the flowering plant *Arabidopsis thaliana*[J]. Nature, 2000, 408: 796-815.

Coen ES, Meyerowits EM. The war of the whorls: genetic interactions controling flower development[J]. Nature, 1991, 353: 31-37.

Gala HP, Lanctot A, Jean-Baptiste K, et al. A single-cell view of the transcriptome during lateral root initiation in *Arabidopsis thaliana*[J]. The Plant Cell, 2021, 33(7): 2197-2220.

Hart JE, Sullivan S, Hermanowicz P, et al. Engineering the phototropin photocycle improves photoreceptor performance and plant biomass production[J]. Proceedings of the National Academy of Sciences of the United States of America, 2019, 116(25): 12550-12557.

Otero S, Gildea I, Roszak P, et al. A root phloem pole cell atlas reveals common transcriptional states in protophloem-adjacent cells[J]. Nature Plants, 2022, 8(8): 954-970.

Rocha J, Cicéron F, de Sanctis D, et al. Structure of *Arabidopsis thaliana* FUT1 reveals a variant of the GT-B class fold and provides insight into xyloglucan fucosylation[J]. Plant Cell, 2016, 28(10): 2352-2364.

Theissen G, Sacdler H. Floral quartets[J]. Nature, 2001, 409: 469-471.

Thor K, Jiang S, Michard E, et al. The calcium-permeable channel OSCA1.3 regulates plant stomatal immunity[J]. Nature, 2020, 585 (7862): 569-573.

Tian W, Hou C, Ren Z, et al. A calmodulin-gated calcium channel links pathogen patterns to plant immunity[J]. Nature, 2019, 572(7767): 131-135.

Yuan M, Jiang Z, Bi G, et al. Pattern-recognition receptors are required for NLR-mediated plant immunity[J]. Nature, 2021, 592(7852): 105-109.

Zhang TQ, Chen Y, Wang JW. A single-cell analysis of the *Arabidopsis* vegetative shoot apex[J]. Developmental Cell, 2021, 56(7): 1056-1074.

Zhang TQ, Xu ZG, Shang GD, et al. A single-cell RNA sequencing profiles the developmental landscape of *Arabidopsis* root[J]. Molecular Plant, 2019, 12(5): 648-660.

附　　录　拟南芥研究数据库

1. 诺丁汉拟南芥保存中心芯片数据库

   http: //affymetrix.arabidopsis.info

2. 拟南芥蛋白相互作用数据库

   http: //atpid.biosino.org/

3. 拟南芥转录因子数据库（DATF）

   http: //datf.cbi.pku.edu.cn

4. MIPS 的拟南芥数据库

   http: //mips.gsf.de/proj/thal/db

5. 拟南芥大规模平行测序信号的基因表达数据库

   http: //mpss.udel.edu/at/

6. 拟南芥 cDNA、突变体和微阵列数据库

   http: //rarge.gsc.riken.jp/

7. 拟南芥转录因子数据库

   http: //urgv.evry.inra.fr/CATdb

8. 拟南芥功能基因组数据库

   http: //urgv.evry.inra.fr/projects/FLAGdb /HTML/index.shtml

9. 拟南芥基因组数据库

   http: //www.arabidopsis.org/

10. 拟南芥的全基因组范围的假定的转录因子结合位点数据库

    http: //www.athamap.de/

11. 拟南芥基因序列标签数据库（该数据库涵盖了拟南芥中大部分的基因信息）

    http: //www.catma.org/

12. 拟南芥的基于侧翼序列标签（FST）的 T-DNA 插入突变体查找库

http://www.GABI-Kat.de

13. 拟南芥蛋白磷酸化位点数据库

http://www.plantenergy.uwa.edu.au/applications/phosphat/index.html

14. 拟南芥质体蛋白数据库

http://www.plprot.ethz.ch/

15. 拟南芥发育关键基因数据库

http://www.seedgenes.org/

16. SUBA 拟南芥蛋白的亚细胞定位的数据

http://www.suba.bcs.uwa.edu.au/

第三章 斑 马 鱼

第一节 斑马鱼研究简介

斑马鱼（*Danio rerio*，英文俗名 zebrafish）俗称"花条鱼""蓝条鱼"，属硬骨鱼类辐鳍鱼纲（Actinopterygii）鲤形目（Cypriniformes）鲤科（Cyprinidae）鮈属（*Danio*），是原产印度、巴基斯坦、孟加拉国和尼泊尔等南亚地区的一种小型淡水鱼类（Kimmel，1995）。

斑马鱼身体修长而略呈纺锤形，成鱼全长可达 4~6 cm，从背部至尾部和臀鳍，上有数条深蓝色条纹直达尾鳍，全身条纹似斑马纹，因而得名。斑马鱼为性情活泼、不怕冷的热带鱼品种，喜结群游动，对水温的变化有较强的抵抗力，饲养时一般控制在 20~28℃，最适生长温度 25℃。能食用各种动物性饵料或干饲料。

斑马鱼约在 4 月龄达到性成熟期，雌鱼性成熟后腹部明显膨大、体色略浅，雄鱼则较为细长、体色稍深、条纹更明显。斑马鱼达到性成熟后全年均可交配产卵，雌鱼每次可产卵 200 余枚，交配产卵后只需间隔 7 d 左右即可再次交配产卵。斑马鱼的卵为非黏性沉性卵，胚胎发育速度较快、胚体透明，孵化水温 28.5℃ 时约 72 h 可孵化出仔鱼。

斑马鱼是生命科学研究中非常重要的模式生物之一，目前已形成了 20 余个实验用斑马鱼品系（如常用的 AB 品系、Tu 品系、TL 品系、WIK 品系等），被广泛应用于发育生物学、药物筛选、毒理学、转基因、疾病模型等多个研究领域。

第二节　斑马鱼胚胎发育观察

一、实验目的与要求

（1）了解斑马鱼的繁殖习性。
（2）观察斑马鱼的胚胎发育过程。

二、实验背景与原理

斑马鱼体外受精、体外发育，通过控制雌、雄成鱼的光周期、水温、营养等条件可以方便地获取受精卵。斑马鱼受精卵为非黏性的沉性卵，孵化培养条件要求不高，发育周期较短，胚胎透明，容易观察胚胎的发育情况。

观察斑马鱼的胚胎发育过程，既有助于掌握普通硬骨鱼胚胎发育的一般过程和特点（即经过受精卵、卵裂、囊胚、原肠胚、神经胚、三胚层分化、器官系统形成后孵化出膜），又可为今后利用斑马鱼胚胎开展发育生物学、毒理学、遗传学等实验研究奠定基础。

三、实验材料、试剂和仪器

（1）实验材料

达到性成熟的雌、雄斑马鱼。

（2）实验试剂

Holt Buffer 溶液：NaCl 3.5 g，KCl 0.05 g，NaHCO$_3$ 0.025 g，CaCl$_2$ 0.1 g，加 100 mL ddH$_2$O 充分溶解后定容至 1 L。

（3）实验仪器与用具

斑马鱼养殖系统、培养箱、显微镜、产卵缸、培养皿、胶头滴管、凹槽载玻片等。

四、实验方法与步骤

1. 亲鱼配组

在实验前一天进行配鱼（最好在傍晚投喂 1 h 以上后进行）。一般按雄：雌为 1∶1 或 1∶2 的比例挑选健康的性成熟雄鱼和雌鱼用于交配。在产卵缸中间插入隔板，将雌、雄鱼分别放于两侧，产卵缸底部放置带孔筛板，以保护沉在缸底的受精卵、避免被亲鱼误食。控制水温在 28℃ 左右，避光。

2. 交配产卵

第二天早晨（避光时间控制在 10 h 左右）去除隔板并提供光照，雄鱼会追逐雌鱼并交配，约 15 min 后雌鱼开始产卵，同时雄鱼排精，受精卵会通过筛板沉到产卵缸底部。产卵结束后将亲鱼移走，用胶头滴管收集受精卵并置于平板培养皿中，去除死卵、粪便和其他杂物，用养鱼水或 Holt Buffer 溶液洗涤数次，转移到 28.5℃ 恒温培养箱中培养。

3. 胚胎发育观察

吸取数颗胚胎放在凹槽载玻片或凹面皿上，置于显微镜或解剖镜下观察胚胎发育情况，判断胚胎发育时期并拍照。斑马鱼胚胎的详细发育过程可参考 Kimmel 等（1995）、Sharmili 等（2015）的描述。

4. 注意事项

斑马鱼交配产卵及胚胎培养可参见柳力月等（2022）的方法。

孵化过程中要及时去除未受精卵和死卵并换水。未受精卵或死卵呈白色，胚胎正常发育的呈透明状。如果死卵没有及时清除，可能导致霉菌生长，造成更多的胚胎死亡。

可在培育用水或溶液中加入 1/10000 体积的亚甲蓝以抑制霉菌生长，同时也便于区分死卵。

五、实验结果

斑马鱼胚胎发育通常分为合子期、卵裂期、囊胚期、原肠期、体节期、咽囊期、孵化期共 7 个大的阶段，胚胎发育过程见图 3.1。孵化水温 28.5℃ 下斑马鱼胚胎发育各个时期的特点及发育时间如下。

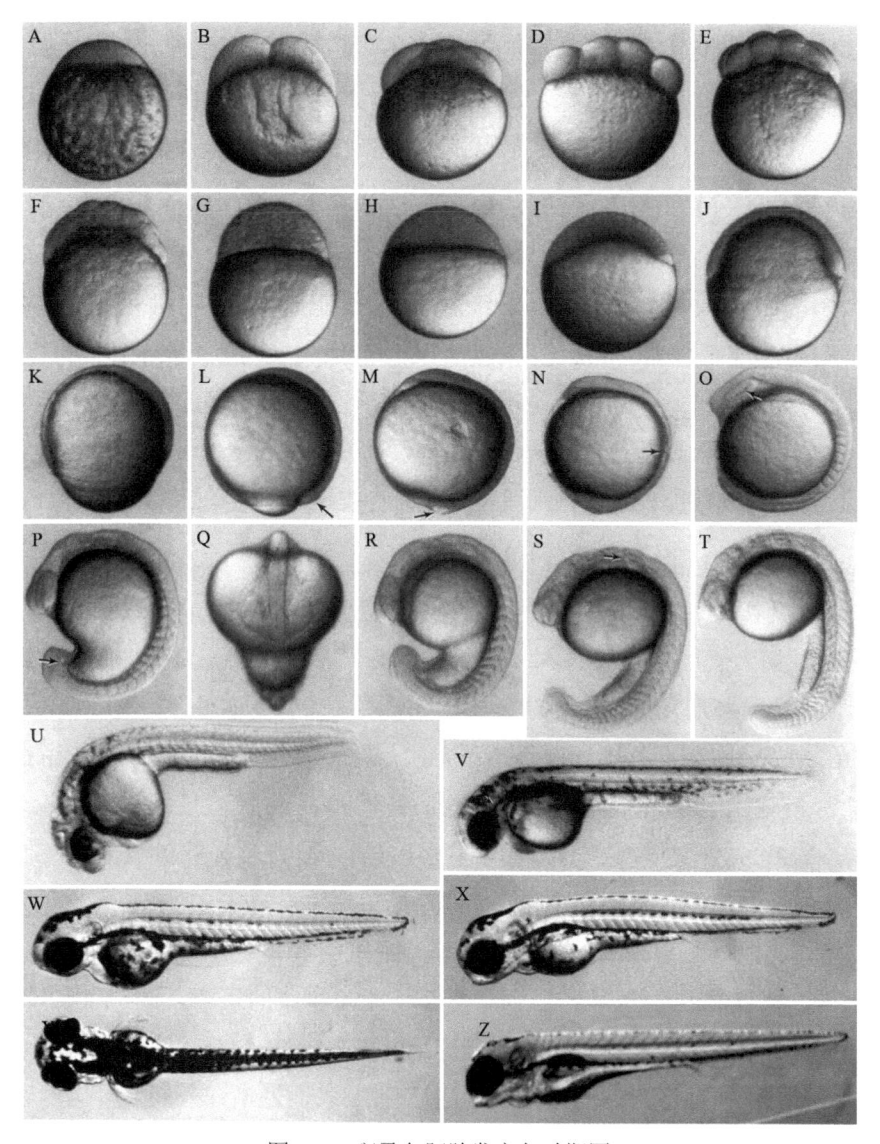

图 3.1 斑马鱼胚胎发育各时期图

A. 受精后约 10 min 的受精卵,非卵黄胞质开始分离进入动物极;B. 2 细胞期;C. 4 细胞期(1 h);D. 8 细胞期;E. 32 细胞期;F. 高囊胚期;G. 球形期;H. 穹顶期;I. 胚环期;J. 胚盾期;K. 75%外包期;L. 90%外包期(箭头示尾芽);M. 尾芽期(箭头示尾芽);N. 2 体节期(箭头示体节);O. 8 体节期(箭头示眼原基);P. 13 体节期(箭头示 Kupffer 囊);Q. 14 体节期(背侧观);R. 17 体节期;S. 20 体节期(箭头示耳囊);T. 25 体节期;U. 原基-12 期,此时黑素细胞从脑延伸至卵黄球中部;V. 原基-25 期,色素延伸至尾部末端;W. 胸鳍期;X. 突口期;Y. 突口期(背面观);Z. 突口期(侧面观)

1. 合子期（0~0.75 h）

从卵子受精到第 1 次卵裂发生的时期为合子期。卵子在受精后胞质运动被活化，受精卵内的胞质向动物极流动，动物极的胚盘和富含卵黄的植物极逐渐分离。

2. 卵裂期（0.75~2.25 h）

受精卵开始分裂，依次经过 2 细胞期、4 细胞期、8 细胞期、16 细胞期、32 细胞期、64 细胞期。8 细胞期之前均为部分卵裂（或称不完全卵裂），即各个细胞并未完全彼此分隔，而是在胚盘底部仍通过胞质桥相连；16 细胞期之后各个分裂细胞才彼此完全彼此隔离。另外，卵裂期的 6 次卵裂方向是非常规则的，因此通过观察卵裂期的排列即可知道细胞数目、判定所处时期。

3. 囊胚期（2.25~5.25 h）

从第 7 次卵裂（128 细胞期）后形成胚盘到第 14 次卵裂后原肠出现之前的这段时期为囊胚期，可分为 128 细胞期、256 细胞期、512 细胞期、1000 细胞期、高囊胚期、椭球期、球形期、穹顶期、30%外包期。

在 512 细胞期，外围细胞经历了 1 次塌陷后其细胞质和细胞核均留在与其紧密相连的卵黄细胞质中，从而形成了卵黄合胞体层（yolk syncytial layer, YSL）。外包（epiboly）始于囊胚晚期，是 YSL 和胚盘变薄、延伸覆盖卵黄细胞的过程，并一直持续到原肠期结束，将卵黄完全吞入。

高囊胚期是胚盘"高耸"于卵黄细胞之上的最高点，之后胚盘因不断向下迁移、外包而逐渐变薄。之后，随着胚盘向卵黄的压缩，动-植物极轴变短，从侧面看胚盘呈椭球形，称为椭球期。随着动-植物极轴的持续变短，胚胎形状变得近似球形，称为球形期。随后 YSL 表面逐渐深入胚盘并向动物极隆起，即进入穹顶期。然后胚盘开始外包运动，通常根据外包百分率（即卵黄被包被的程度）进行分期，至 30%外包时标志着囊胚期的结束。

4. 原肠期（5.25~10 h）

在原肠期，外包运动仍在继续，并且胚胎细胞发生内卷、集合、延伸等运动，产生原始胚层和胚轴。原肠期可分为 50%外包期、胚环期、胚盾期、75%外包期、90%外包期和尾芽期。

50%外包期时，胚盘外包至动植物极的中间位置。随后，细胞的内卷运动在胚层的边缘形成一层较厚的环形结构，称为胚环（germ ring）；集合运动沿胚环产生一个局部的堆积，称为胚盾（embryonic shield）。形成胚环和胚盾的时期分别称为胚环期和胚盾期。在形成胚环和胚盾时外包是暂时中止的，待胚盾形成后才继续外包。胚盾将来发育为背侧，同时动物极细胞将发育为头部，因此胚盾形成后即可确定胚胎的前后轴和背腹轴。

随后胚层继续外包至75%外包期、90%外包期。在90%外包期，植物极处有一小部分卵黄细胞明显突出，称为卵黄栓（yolk plug），此时期胚胎背侧的胚层明显比腹侧要厚。当胚层完全覆盖住卵黄栓后，外包运动也就结束了，10～15 min后在卵黄栓闭合位点的背侧、胚轴尾端形成一个膨出的尾芽（tail bud），胚胎即进入尾芽期。

5. 体节期（10～24 h）

此时期胚胎出现多种形态学变化，包括体节发生、器官原基可见、尾芽更为显著、胚体延长、前后轴和背腹轴变得明确、首次出现细胞分化、胚体开始运动，等等。此时期通常根据体节数目进行时期划分。

1体节期：出现第1体节沟，此沟是将来第1体节和第2体节的界限。

5体节期：此时期体节形成的速度大约为3个/小时，从侧面或背面观察胚胎可以看到眼原基；Kupffer囊深入尾芽。

14体节期：此时期体节形成的速度大约为2个/小时，之前形成的体节开始发育为肌节（呈V形）；尾芽此时开始突出于胚体。

20体节期：肌节可产生收缩，出现晶状体、耳囊，神经管前端形成中空的脑，尾部继续延伸。

26体节期：后部躯干伸直接近完成，尾部仍向腹部卷曲并继续延伸，耳囊中的2个耳石明显。此时期之后体节形成速度变慢，形成的体节数也不确定，最终的体节总数在30～34个。

6. 咽囊期（24～48 h）

此期通常根据后侧线原基沿躯干和尾部由前向后所移动到的位置进行划分，但后侧线原基在普通光学显微镜下很难看到，需使用干涉相位差显微镜观察。

原基 5 期：移动中的后侧线原基前行端覆盖至第 5 肌节（体节），视网膜和背部皮肤中开始出现色素沉着，胸鳍芽隆起，卵黄球上出现血细胞，心脏开始搏动。

原基 15 期：移动中的后侧线原基前行端覆盖至第 15 肌节（体节），尾基本伸直，胸鳍芽形成矮丘状，心脏搏动明显，胚胎出现早期触碰反射和简单的应激运动。

原基 25 期：移动中的后侧线原基前行端覆盖至第 25 肌节（体节），胸鳍芽呈隆丘状，眼部、卵黄囊的背部和两侧表面的色素沉着显著。

高胸鳍期：胸鳍芽的高约与宽相等，移动的后侧线原基变小、难以辨认，背侧黑色素条纹已达尾部末端，心脏中出现明显的弯曲（标志着心房和心室的分开），前肠发育。

7. 孵化期（48~72 h）

长胸鳍期：胸鳍芽大为延长、向后弯曲并有明显的尖角，高宽比约为 2；背部黑色素条纹明确且密集，沿中线出现于前部躯干和尾部；卵黄囊缩小、心包腔明显，心脏搏动强烈。

胸鳍期：胸鳍远端形成一个平的边缘，比底部宽，鳍沿体侧缩回，向后延伸覆盖大半个卵黄球，口张开较小，逃逸反应迅速。

突口期：口张开较大、突出于眼前方，胸鳍前缘继续扩展、向后延伸几乎超过逐渐萎缩的卵黄球大部分长度，鳃弓中软骨细胞明显。

六、思考题

观察斑马鱼胚胎发育时，常因水中胚胎的方向、位置难以摆放而影响观察，该如何解决？

第三节　斑马鱼软骨及骨染色观察

一、实验目的与要求

（1）掌握斑马鱼软骨的阿尔新蓝染色方法。
（2）掌握斑马鱼骨骼的茜素红染色方法。
（3）观察斑马鱼软骨及骨骼构成。

二、实验背景与原理

（1）软骨染色原理

阿尔新蓝（alcian blue，AB）是一种阳离子染料，动物软骨组织中黏多糖的羟基在酸性环境下会发生电离，带负电荷，可与阿尔新蓝中的阳离子形成离子键，使软骨被染为蓝色。

（2）硬骨染色原理

茜素红（alizarin red）是一种蒽醌衍生物，可与碳酸钙或磷酸钙中的钙盐形成橘红色的螯合物。茜素红法骨骼染色广泛用于骨骼发育及骨细胞病理生理学研究。

三、实验材料、试剂和仪器

（1）实验材料

斑马鱼幼鱼。

（2）实验试剂

4%多聚甲醛、无水乙醇、5%KOH、10%甘油。

阿尔新蓝染色液：由 0.1 g alcian blue 8GR，20 mL 乙酸，80 mL95%乙醇组成。

茜素红染色液：首先配制饱和茜素红溶液为 A 液，稀释液为无水乙醇；再配制 0.5%的 KOH 溶液为 B 液；茜素红染色液为在 0.4 mL 的 A 液中加入 10 mL 的 B 液混合而成。

胰蛋白酶消化液：0.1 g 胰蛋白酶，3 mL 四硼酸钠饱和水溶液，7 mL ddH$_2$O 以及一滴过氧化氢（1% H$_2$O$_2$）。

（3）实验仪器与用具

染色皿、滴管、解剖镜或显微镜、玻片等。

四、实验方法与步骤

1. 软骨染色

（1）将斑马鱼放入 4%多聚甲醛中，置于 4℃下固定过夜。

（2）将固定好的样本放入自来水中，流水浸泡冲洗 1 h。

（3）用阿尔新蓝染色液染色，染色时间随斑马鱼幼鱼日龄的增大而延长：1～4 日龄鱼染色 6 h，5～60 日龄鱼染色 9～12 h，60 日龄以上鱼染色 24 h（注意：需去皮后再染色）。

（4）染色结束后用无水乙醇漂洗 1 次，然后依次放入 95%、90%、80%、70%、50%、20%乙醇及蒸馏水中进行梯度复水，各个梯度的浸泡时间为：1～4 日龄鱼各 1 h，5 日龄以上鱼各 1 d。

（5）用胰蛋白酶溶液对样品进行消化：1～4 日龄鱼消化 30 min，5 日龄以上鱼需消化 30～60 min。

（6）用 5% KOH 浸泡 1 h，然后观察样本是否已经透明，若尚未完全透明则继续浸泡。5 日龄鱼浸泡约 3 h 可达透明。（注：从此步开始可以再进入骨染色流程，放入茜素红液中，即进行软骨、硬骨双重染色。）

（7）用自来水漂洗后置于 10%甘油中固定保存。

（8）观察染色后的斑马鱼软骨并拍照。

（9）注意事项：控制好消化时间（过长会使得眼球脱落、表皮破损）；透明时间不可以过长，否则会完全透明，很难看到整体形状。

2. 硬骨染色

（1）将斑马鱼放入 4%多聚甲醛中，置于 4℃下固定过夜。

（2）将固定好的样本放入自来水中，流水浸泡冲洗 1 h。

（3）将鱼去皮后置于茜素红染色液中染色 1~3 h，至眼球颜色不变时停止染色。如果染色后样品发白，可用二甲苯进行脱脂处理。

（4）染色结束后用无水乙醇漂洗 1 次，然后依次放入 95%、90%、80%、70%、50%、20%乙醇及蒸馏水中进行梯度复水，每个梯度浸泡各 1 h。

（5）用胰蛋白酶消化液消化 3 h。

（6）将样本置于 5%KOH 中进行透明处理 1 h，然后更换新的 5%KOH 溶液再浸泡 1 h，并经常检查样本是否已经完全透明。

（7）用自来水漂洗后置于 10%甘油中保存。

（8）将染色后的样本置于解剖镜或显微镜下观察并拍照。

五、实验结果

（1）图 3.2 为阿尔新蓝染色后的 30 日龄的斑马鱼头部软骨。

图 3.2　30 日龄斑马鱼头部软骨染色（引自武秀知等，2021）

（2）图 3.3 为茜素红染色后的 30 日龄斑马鱼整体骨骼。

图 3.3　30 日龄斑马鱼整体骨骼染色（引自聂春红等，2018）

六、思考题

请尝试对斑马鱼进行软骨、硬骨双重染色并思考实验成功的要点有哪些？

第四节　斑马鱼胚胎显微注射技术

一、实验目的与要求

（1）掌握使用玻璃毛细管制作显微注射针的方法。
（2）掌握斑马鱼胚胎显微操作及注射技术。
（3）了解斑马鱼胚胎显微注射的应用及注意事项。

二、实验背景与原理

硬骨鱼的受精卵为多黄卵，受精卵发育时前几次卵裂是不完全卵裂，即细胞核已分裂为多个、但细胞质仍相互连通，在这个阶段注入到胚胎中的溶液将会分布到所有胚胎细胞中。虽然在卵裂至16细胞之前细胞质都是连通的，但8细胞期时细胞质流动已经变弱，因此注射通常要在1~4细胞期进行。本实验是通过操作显微注射仪在显微镜下将玻璃注射针插入到1~4细胞期的斑马鱼胚胎中，并将试剂或药物注射进去，可达到干预基因表达、转基因或造成突变等目的。

三、实验材料、试剂和仪器

（1）实验材料
1~4细胞期的斑马鱼胚胎。
（2）实验试剂
矿物油、注射试剂（质粒或morpholino等）、10%~20%酚红等。
（3）实验仪器与用具
显微操作器、微量注射器、持针器、拉针仪、磨针仪、锻针仪、显微镜或解剖镜、毛细玻璃管、琼脂糖平板等。

四、实验方法与步骤

（1）按照第二节的方法准备1~4细胞期的斑马鱼胚胎。

（2）制备玻璃注射针

用拉针仪（图3.4A）将玻璃毛细管拉制成注射针，通过调节拉针仪的温度、拉力、拉制时间等参数拉制出合适针尖的注射针。为了防止空气中灰尘颗粒沾染注射针引起针尖阻塞，注射针最好现用现拉。

用锻针仪（图3.4B）将拉制好的注射针尖端打断成合适的直径。注射试剂可打断成10～15 μm，核移植可打断成15～20 μm，干细胞移植可打断成30～40 μm。

经锻针仪打断的注射针末端是封闭的，用磨针仪（图3.4C）将其磨开并使末端呈尖锐状（图3.4D）。

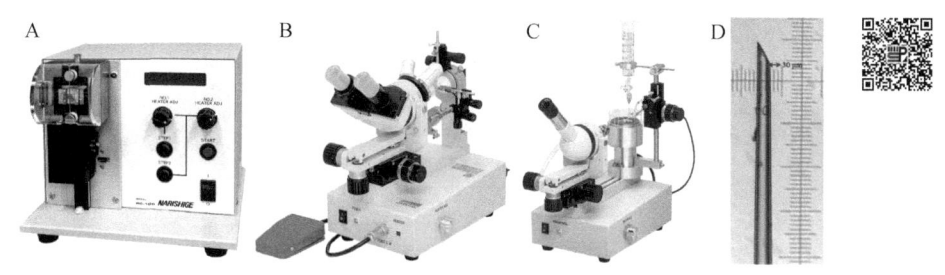

图3.4　注射针制备仪器（图片A～C引自https://www.narishige.co.jp/）

A. PC-100型拉针仪；B. MF2型锻针仪；C. EG-402型磨针仪；D. 制作好的显微注射针

（3）组装显微操作及注射系统

显微操作及注射系统由显微操作器（图3.5A）、微量注射器（图3.5B）、磁力架（图3.5C）、解剖镜（或显微镜）组成。将持针器固定在显微操作器上，并与微量进样器相连，将制作好的玻璃注射针安装到持针器上。调整组装好的显微操作系统与显微镜或解剖镜的位置，使注射针的尖端可以通过显微操作器上的旋钮移动到视野中间（图3.6）。

（4）准备注射试剂

注射试剂可以使用质粒DNA、RNA或morpholino等，可在注射试剂中加入终浓度10%～20%的酚红以便于观察注射过程。若只是练习注射方法，也可注射无毒无害的染料。

将注射试剂吸入到与微量注射器相连的注射针中。

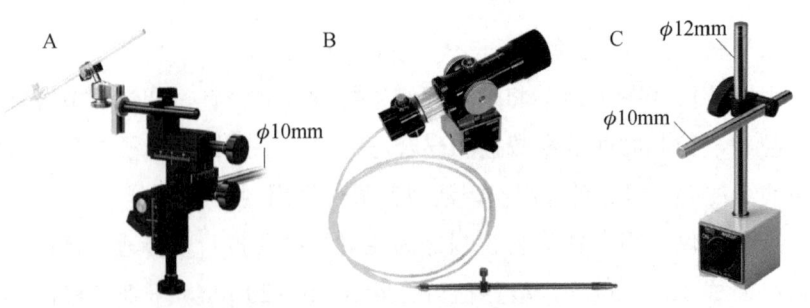

图 3.5　显微操作及注射仪器（图片引自 https://www.narishige.co.jp/）

A. M-152 型显微操作器；B. IM-21 型微量注射器；C. GJ-1 型磁力架

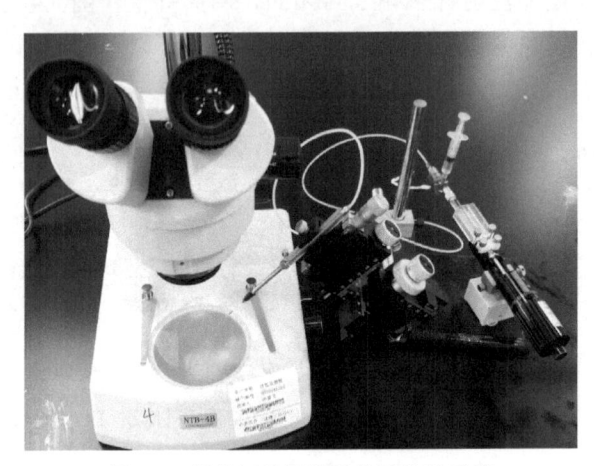

图 3.6　组装好的显微操作及注射系统

（5）显微注射

将收集的胚胎放置在琼脂糖平板上，将平板置于显微镜或解剖镜下，用低倍物镜对准胚胎调焦，缓缓地移动针尖至视野中心，通过显微操作系统的微调旋钮调整注射针位置，直到清晰见到针尖为止。进一步调整显微镜焦距和注射针及胚胎的位置，使胚胎和注射针尖均达到最佳清晰程度。小心进针，使注射针针尖进入胚胎。转动微量进样器的旋钮或踩踏脚踏开关，将样品注入胚胎。

（6）注射胚胎的培养和观察

将注射后胚胎放入培养箱培养，2 h 后观察胚胎发育情况，挑出死亡的胚胎。孵化期间每天要及时清除死亡的胚胎，勤换水。

在显微镜或解剖镜下观察显微注射的效果。

（7）注意事项

1）注射样品的质量和浓度。显微注射的样品种类繁多，包括 mRNA、DNA 或蛋白质等，但是注射样品是否纯净是关系到注射效率高低的重要因素之一。此外，注射样品的浓度不宜太高，如注射 DNA 的总浓度一般控制在 200 pg 以下。

2）注意调节好注射针与胚胎的角度，确保针可以顺利穿透卵壳。

3）制作玻璃注射针时要控制好针尖直径，针尖太粗容易损伤受精卵，针尖太细则容易堵塞、影响注射效率。

4）注射完毕退出注射针时速度要慢。

5）在整个过程中，严禁将注射针尖对着人员和仪器，因为注射针在持针器上安装不牢或针尖堵塞时，注射器、管子及注射针内的压力可能将注射针射出伤人。

五、实验结果

（1）能熟练制作显微注射玻璃针、进行显微操作及使用注射系统。

（2）显微注射过程中观察到玻璃针插入胚胎，注射后能看到胚胎带有酚红指示剂的红色（图 3.7）。

注射前　　　　　注射中　　　　　注射后

图 3.7　斑马鱼胚胎显微注射

（3）观察对胚胎进行显微注射后的效果：若注射了质粒 pT2（tpma: EGFP），胚胎发育至 1dpf（day post fertilization）时，在肌肉中特异性表达绿色荧光蛋白（图 3.8A）；若注射了 *chordin* morpholino，则胚胎发育至 1dpf 时胚胎出现腹部化（图 3.8B）。

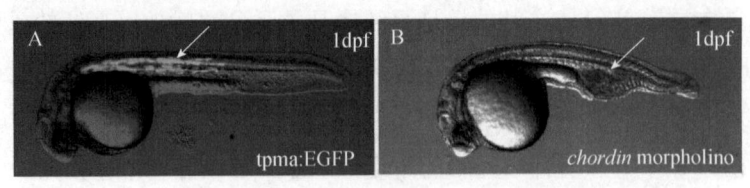

图 3.8　显微注射后 1dpf 时胚胎照片（引自熊凤等，2022）
A. 注射质粒 pT2（tpma:EGFP）后胚胎肌肉细胞中表达绿色荧光蛋白；
B. 注射 *chordin* morpholino 的胚胎产生腹部化表型

六、思考题

对斑马鱼胚胎进行显微注射时，怎样能够提高胚胎的存活率？

参 考 文 献

柳力月，李玲璐，潘鲁瑗，等. 斑马鱼的自然交配产卵及胚胎培养技术[J]. Bio-101，2022：e1010937.

聂春红，陈祖萱，戴彩娇，等. 不同鱼类肌间骨的骨化模式研究[J]. 水生生物学报，2018，42(1)：131-137.

武秀知，王宏杰，组尧. 斑马鱼 *hoxa1a* 基因调控颅面骨骼发育的功能研究[J]. 中国生物工程杂志，2021，41(9)：20-26.

熊凤，柳力月，潘鲁瑗，等. 斑马鱼胚胎显微注射技术[J]. Bio-101，2022：e1010940.

Kimmel CB, Ballard WW, Kimmel SR, et al. Stages of embryonic development of the zebrafish[J]. Developmental Dynamics, 1995, 203(3): 253-310.

Sharmili S, Ahila AJ. Stages of embryonic development of the zebrafish *Danio rerio* (Hamilton)[J]. European Journal of Biotechnology and Bioscience, 2015, 3(6): 6-11.

第四章 秀丽隐杆线虫

第一节 秀丽隐杆线虫研究简介

秀丽隐杆线虫（*Caenorhabditis elegans*）属于线形动物门线虫纲，是一种简单的真核多细胞生物，一般生活在土壤或水中，以土壤和腐烂水果中的真菌和细菌为食，对人体和动植物没有危害。该虫体型小，通体透明，成虫一般长约 1 mm。在自然环境中，秀丽隐杆线虫一般分为雌雄同体和雄性两种，主要以雌雄同体的方式存在（图 4.1 和图 4.2）（Garcia et al., 2001；Jorgensen & Mango, 2002）。从形态上分辨，雌雄同体的线虫虫体粗壮、尾端较为细长，腹部表皮上发育有外阴（图 4.1）；雄性线虫虫体苗条短小、尾端则较粗、较为钝圆，尾部有一特有的扇形结构（图 4.2）。这两种线虫繁殖方式也有所差异。雌雄同体的线虫可以自体受精，也可以与雄虫进行交配繁殖，而雄性线虫则通过异体受精完成繁衍。

秀丽隐杆线虫的发育快，生命周期较短，在 20℃ 下从受精卵发育到成虫仅需 3 天左右，寿命为 2~3 周。生命周期可分为胚胎发育期、幼虫期和成虫期三个阶段（图 4.3）。幼虫期的发育阶段包括幼虫 1 期（L1）、幼虫 2 期（L2）、幼虫 3 期（L3）和幼虫 4 期（L4）四个时期（Ambros, 2000）（图 4.3）。在 20℃ 且生活条件适宜的情况下，幼虫经历 L1/L2 蜕皮、L2/L3 蜕皮、L3/L4 蜕皮，以及 L4/成虫蜕皮，最终发育为成虫，产卵繁殖。在食物缺乏、生长环境拥挤（相当于单位面积内的食物是缺乏的），以及温度不宜等恶劣条件下，L2 期幼虫会进入一个替代的半休眠、静止阶段，称为耐受期（"dauer 期"）（图 4.3）。这一时期的线虫表皮结构由原来旧的角质层变为一种非渗透性的角质层，同时阻塞口部不再进食，通过改变表皮结构和停止觅食行为抵抗外部恶劣的环境压力。耐受期可维持数月之久，是线虫在自然界重要的生存阶段，同时也有利于实验室中对线虫进行冷冻储存。一旦外界的恶劣条件解除，线虫将跳过 L3 期直接进行 L4 期并发育成成虫。在实验室中一般在 20 ℃ 条件下用 NGM 培养基培养，用大肠杆菌 OP50 进行饲喂。

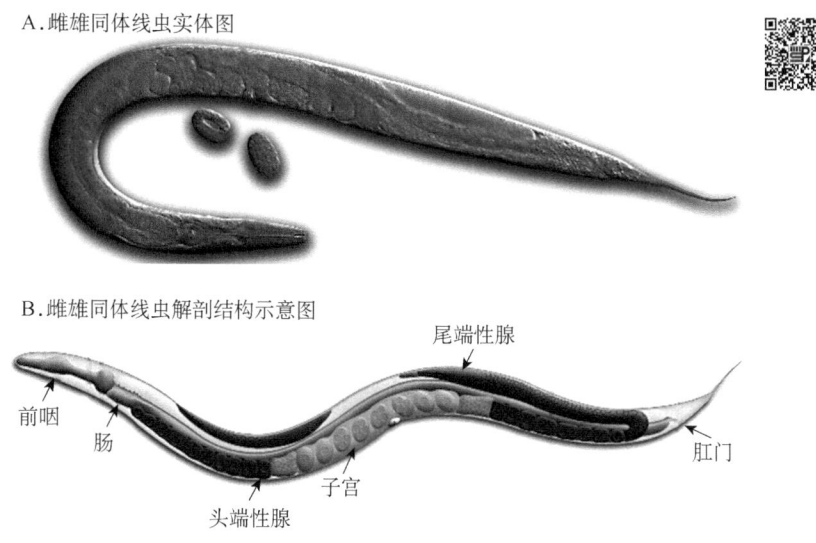

图 4.1　雌雄同体秀丽隐杆线虫（引自 https://www.wormatlas.org/）

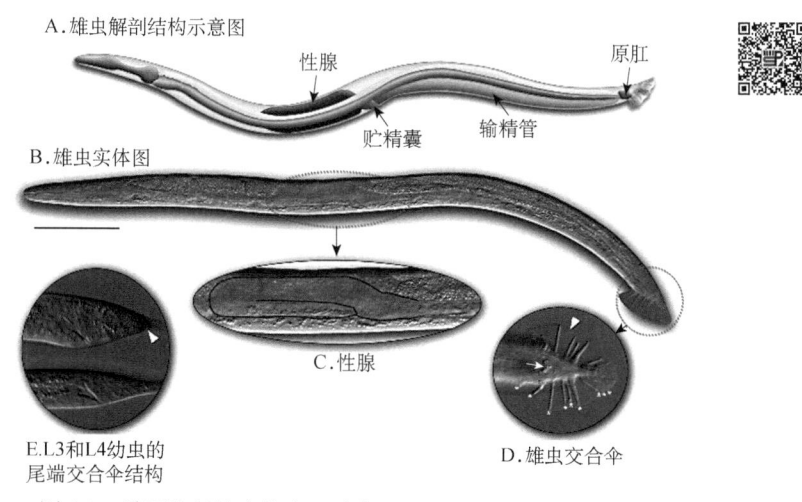

图 4.2　秀丽隐杆线虫雄虫（引自 https://www.wormatlas.org/）

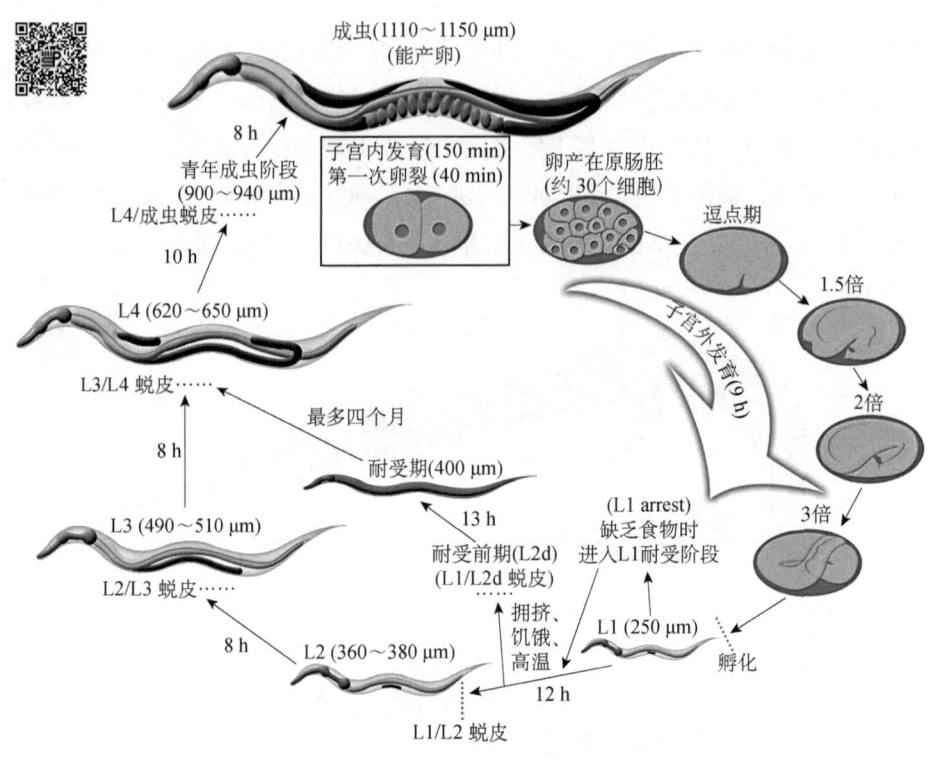

图 4.3　秀丽隐杆线虫的生活史（引自 https://www.wormatlas.org/）

虫卵孵化（hatching）成幼虫后，进入 L1 阶段。此时，如果缺乏食物，虫体进入 L1 耐受阶段（L1 arrest）；如果持续缺乏食物，或密度较大，或温度偏高时，虫体进入耐受期（dauer）

在发育过程中，不同性别的成虫细胞数目组成存在显著差异。雌雄同体（即雌虫）的个体共生成 1090 个细胞，其中 131 个细胞随着发育进程的进行出现了凋亡现象，最终雌虫成虫保留 959 个体细胞和数以千计的生殖细胞；雄虫含有 1031 个体细胞和 1000 个左右的生殖细胞。线虫体细胞在身体上的位置固定不变，且虫体通身透明，借助显微镜技术可直观地进行细胞迁移、分裂与死亡等观察。因此，非常有利于线虫每一细胞形态和发育的观察与追踪。

线虫虫体主要由两条同轴中心管组成。外侧的一条管覆盖有角质层，主要是由皮下组织分泌形成的一种胶原细胞外基质，是线虫保护自身的物理屏障，同时，通过角质层蜕皮进行生长。角质层内侧有肌肉组织、性腺、神经系统、排泄/分泌系统和腔胞。内侧的一条管则包括二裂片的咽和相应的神经系统及肠管。在内外管之间充满液体的空间则被称作假体腔，容纳着消化系统和生殖系统，内在的流体静力学压力维持虫体的形状，提供一个流体静力学骨架。线虫的消化系统尽管简单，但已经比较完整。食物（细菌为主）经身体前端的口摄入，经咽部的咽泵（咽部分为前咽和后咽）磨碎后，传递到肠道进行消化并吸收，废物利用尾部的排泄系统排出体外。

雌雄同体和雌性秀丽隐杆线虫一共有 6 条染色体，即 5 条常染色体和 1 条性染色体，雄虫缺少 1 条性染色体。线虫的全基因组序列于 1998 年测序完成，准确率达到 99%，2002 年 10 月完成了剩余的 1% 缺口，这是人类完成的第一个多细胞动物的全基因组序列。秀丽隐杆线虫基因组大小为 9.7×10^7 个碱基，大约是大肠杆菌基因组的 20 倍，人类基因组的 1/30。基因组序列包括约 19700 个编码序列，占整个基因组的 27%。编码序列含有大量的内含子，平均每个基因包含有 5 个内含子。另外，基因组还包含 1300 个非编码 RNA。

由于秀丽隐杆线虫具有分布广，适应性强，结构简单，繁殖速度快，易保存，且遗传背景清晰等多种优势，已在获得性免疫、胚胎发育、性别分化、物种进化和毒理学等领域作为模式生物被广泛利用。例如，获得 2002 年诺贝尔生理学或医学奖的席德尼·布勒呐（Sydney Brenner）、约翰·萨尔斯顿（John Edward Sulston）和罗伯特·霍维茨（Robert Horvitz）利用秀丽隐杆线虫进行了细胞凋亡的研究。布勒呐以秀丽隐杆线虫作为实验生物模型，把基因分析和细胞分化、演变及器官发育联系起来。随后萨尔斯顿等拓展了布勒呐的研究工作，追踪秀丽隐杆线虫组织发育过程中每一个细胞的分裂和分化过程，描述了发育过程神经系统的部分细胞谱系。霍维茨等则首次发现了基因调控的程序性细胞死亡（细胞凋亡）的存在。2006 年诺贝尔生理学或医学奖的得主安德鲁·法尔（Andrew Zachary Fire）和克雷格·梅洛（Craig Cameron Mello）则通过秀丽隐杆线虫发现了 RNA 干扰（RNAi）现象。目前我国国内也有多个团队以秀丽隐杆线虫作为模式生物应用在细胞程序性死亡的调控机制，多细胞生物自噬作用、神经系统发育的分子机制和脂类代谢等研究中。

第二节　秀丽隐杆线虫的培养与基本遗传学操作

一、实验目的与要求

（1）制作秀丽隐杆线虫传代培养工具并对线虫进行传代培养，掌握秀丽隐杆线虫培养的基本方法。

（2）显微观察线虫结构，测量虫体大小，了解线虫不同性别和不同发育过程中的形态学特征。

二、实验背景与原理

秀丽隐杆线虫发育周期较短，20℃时，从受精卵发育到成虫仅需 3 天左右。同时虫体适应性强，易于保存，在 20℃ 条件下 NGM 培养基上饲喂大肠杆菌 OP50 即可源源不断获得足量实验用虫体。加之，其体型较小，通体透明，能够在光学显微镜下观察组织器官分布情况，因此利用普通光学显微镜，通过便捷操作即可实现实验室长期培养（图 4.4）。

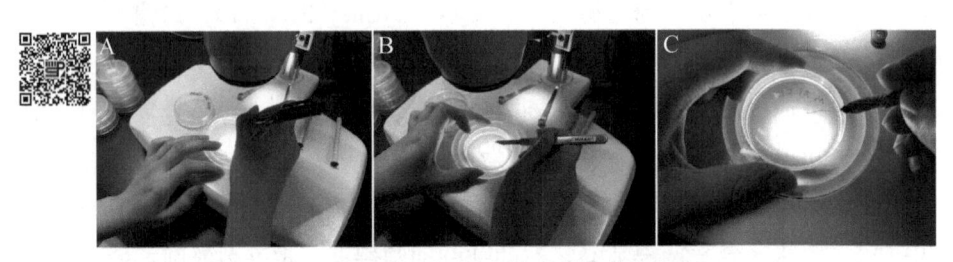

图 4.4　秀丽隐杆线虫的实验室操作
A. 虫体传代培养；B. 利用琼脂小块进行传代；C. 利用"Pick"挑单条虫体进行传代

三、实验材料、试剂和仪器

（1）实验材料

秀丽隐杆线虫（N2 野生型）、*E. coli* 尿嘧啶突变体 OP50。

（2）实验试剂

NGM 培养基。配制方法如下：NaCl 0.3 g、蛋白胨 0.25 g、琼脂 1.7 g、1.0 mol/L KH_2PO_4-K_2HPO_4 缓冲液（pH6.0）2.5 mL，加水定容至 100 mL 后高压灭菌，待温度降至 45℃左右时，加入胆固醇乙醇溶液（5.0 mg/mL 乙醇）0.1 mL、1.0 mol/L $MgSO_4$ 0.1 mL 和 1.0 mol/L $CaCl_2$ 0.1 mL。

（3）实验仪器与用具

Motic 体视解剖镜、生化培养箱（16～20℃）、酒精灯、水浴锅、胶头滴管的中空管、载玻片、0.2 mm 的铂金丝、1 角的硬币、记号笔、刀刃面为直面的手术刀、3.5 cm 的培养皿、长形盖玻片、锥形瓶等。

四、实验方法与步骤

1. 秀丽隐杆线虫的操作工具"Pick"制作

（1）将 5 cm 的铂金丝插入胶头滴管的细段，利用酒精灯的外焰灼烧固定。

（2）铂金丝的另外一端使用硬币压平，制成铲状（铲的平面和厚度适中），并于显微镜下观察。

2. 秀丽隐杆线虫的传代培养

方法一：单虫培养法。使用 Pick 挑取单个虫体于新的 NGM 平板中培养（图 4.4）。

方法二：琼脂小块培养法。使用手术刀切取小块含有虫体的 NGM 培养基于新的 NGM 平板中培养（图 4.4）。

3. Pad 制作

将配制的 2% 的琼脂糖于 53℃ 的恒温水浴锅中保持液体状态，吸取适量滴到较大的盖玻片上，在冷却前迅速用新的同样规格的盖片压制成极薄的琼脂糖薄片，10 min 后平行移去上层盖玻片（Pad 最好现用现做）。

4. 秀丽隐杆线虫形态特征认知、虫体测量

（1）L1～L3，L4，成虫体（包括雌雄同体，雄虫）的识别。

（2）分别挑取虫卵，L4，雌雄同体虫体各 5 条（个），测量其大小（体长、体宽），描绘雌雄同体结构图 1 份，并简单注明各结构名称（口、咽鼓

管、咽部、食道、肠道、生殖腺、子宫、阴户、肛门）。

五、注意事项

（1）利用线虫 Pick 工具转移线虫时需先在酒精灯上加热，避免染上杂菌。

（2）转移时操作尽量快速，避免线虫在 Pick 工具上停留太久而脱水死亡。

六、实验结果

（1）制作 Pick1 件和 Pad 若干。

（2）运用两种方法完成线虫的传代培养。

（3）测量幼虫（任选一个幼虫阶段）、成虫（任选一个性别）的大小，每个阶段的虫体至少测量 3 个个体，求均值。

（4）描绘雌雄同体结构图，注明结构名称。

七、思考题

简述秀丽隐杆线虫雌雄个体间的结构具有哪些差异。

第三节　秀丽隐杆线虫的外源基因转化及表型观察

一、实验目的与要求

（1）理解秀丽隐杆线虫在分子生物学领域作为模式生物的优势。
（2）掌握显微注射技术和荧光显微镜的使用方法。

二、实验背景与原理

显微注射方法指的是利用管尖极细（0.1～0.5 μm）的微注射针（玻璃材质为主），将外源基因片段直接注射到原核期胚或培养的细胞中，利用宿主基因组序列可能发生的重组、缺失、复制或易位等现象而使外源基因嵌入宿主的染色体内的一种遗传学操作技术。秀丽隐杆线虫是研究动物遗传、个体发育和行为活动的重要模式生物。通过显微注射的方式可实现外源基因的转化，且可以从雌雄同体的秀丽隐杆线虫稳定得到含有外源基因的子代个体。

三、实验材料、试剂和仪器

（1）实验材料

秀丽隐杆线虫（N2 野生型）、*E. coli* 尿嘧啶突变体 OP50、Rol-6 质粒、5' flanking region：：目标质粒。

（2）实验试剂

1）显微注射用植物油。

2）NGM 培养基：NaCl 0.3 g、蛋白胨 0.25 g、琼脂 1.7 g、1.0 mol/L KH_2PO_4-K_2HPO_4 缓冲液（pH6.0）2.5 mL，加水定容至 100 mL，高压灭菌，待温度降至 45℃ 左右时，加入胆固醇乙醇溶液（5.0 mg/mL 乙醇）0.1 mL、1.0 mol/L $MgSO_4$ 0.1 mL 和 1.0 mol/L $CaCl_2$ 0.1 mL。

3）虫体恢复缓冲液：5 mmol/L HEPES 缓冲液（pH7.2）、3 mmol/L CaCl$_2$、3 mmol/L MgCl$_2$、66 mmol/L NaCl、2.4 mmol/L KCl 和 4%葡萄糖（Glucose，W/V）。

（3）实验仪器与用具

P-2000 水平程控激光微电极拉制仪、生化培养箱（16～20℃）、Motic 体视解剖镜、Olimpus IX71 倒置荧光显微镜（图 4.5A）、IM300 微操作注射器（图 4.5B）、Pick 工具、记号笔、3.5 cm 的培养皿、长形盖玻片、锥形瓶、水浴锅等。

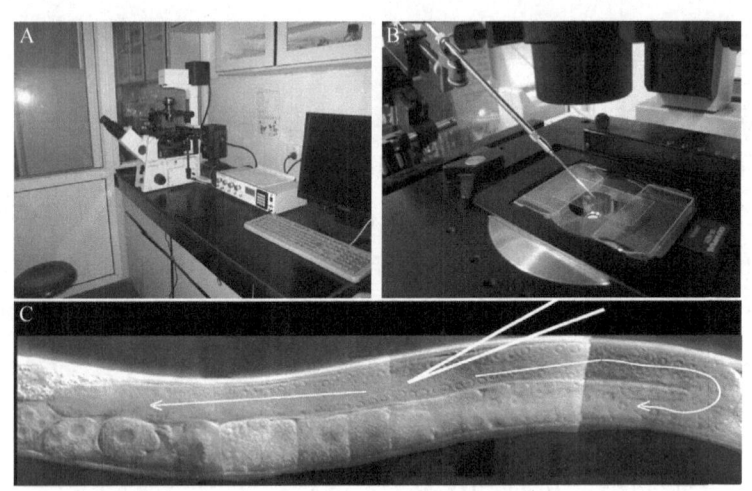

图 4.5　秀丽隐杆线虫显微注射（引自 http：//www.wormbook.org/）
A. 显微镜与微注射仪；B. 显微注射臂与显微注射针；C. 注射部位

四、实验方法与步骤

具体参考梅洛（Mello）和法尔（Fire）公布的方法进行（Mello & Fire，1995）。

（1）拉制显微注射用针

毛细管在 P-2000 水平程控激光微电极拉制仪上拉制，具体参数设置为 Heat 569，Pull 50，Vel 70，Time/Del 200，Pressure 500。

（2）显微注射用 Pad 制作

盖玻片，使用前 1 天制作，将配制的 2%的琼脂糖于 53℃ 的恒温水浴锅中保持液体状态，吸取适量滴到较大的盖玻片上，在冷却前迅速用新的同样规格的盖片压制成极薄的琼脂糖薄片，10 min 后平行移去上层盖玻片，放置室温干燥过夜备用。

（3）虫体扩繁

使用 Pick 挑取单个虫体于新的 NGM 平板中 16℃ 培养，不断扩繁。挑取 L4 期幼虫于新的 NGM 培养基中继续培养 10～12 h（待虫体长至子宫内含有单排虫卵的成虫）进行显微注射。

（4）质粒显微注射

将 Rol-6 质粒和目标质粒共同显微注射到线虫的远端性腺中，质粒的注射终浓度为 50 ng/μL（图 4.5C）。

（5）虫体观察

显微注射质粒后观察 F_2 代和 F_3 代以后线虫的表型变化和绿色荧光蛋白的表达情况并拍摄照片。

五、注意事项

（1）显微注射针应远离实验人员，注射针在持针器上安装后进行检查，以防注射器、管子及注射针内的压力造成注射针射出。

（2）控制注射速度以防造成秀丽隐杆线虫移位或裂解。

六、实验结果

获得连续多世代的具有 roller 表型的后代个体，利用荧光显微镜观察，roller 表型虫体展现荧光现象。

七、思考题

简述秀丽隐杆线虫的注射过程中如何提高显微注射的成功率。

第四节　秀丽隐杆线虫的脂肪染色

一、实验目的与要求

（1）掌握 Oil-Red-O 染色原理及操作方法。
（2）观察线虫体内脂肪沉积分布情况。

二、实验背景与原理

Oil-Red-O 属于偶氮染料，是很强的脂溶剂和染脂剂，与甘油三酯结合形成小脂滴状。脂溶性染料能溶于细胞中的脂滴。当染料加入细胞中，染料则离开染液而溶于细胞内的脂滴中，使细胞内的脂滴呈红色或橘红色。秀丽隐杆线虫通体透明，用 Oil-Red-O 染色后能直接利用光学显微镜观察染色情况及脂肪分布情况（图 4.6）。

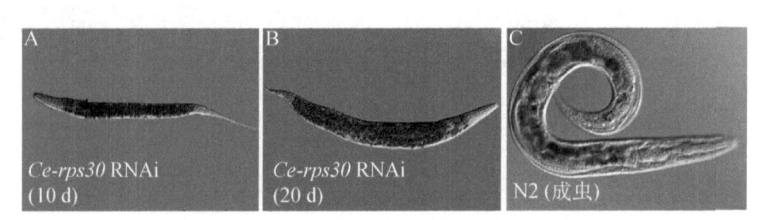

图 4.6　秀丽隐杆线虫 Oil-Red-O 染色（引自 Yan et al., 2014）

三、实验材料、试剂和仪器

（1）实验材料

秀丽隐杆线虫（N2 野生型）、*E. coli* 尿嘧啶突变体 OP50。

（2）实验试剂

1）M9 缓冲液：称取 1.512 g $Na_2HPO_4 \cdot 12H_2O$、0.3 g KH_2PO_4、0.5 g NaCl 和 0.1 mL 的 1 mol/L $MgSO_4$，加水定容至 100 mL。

2）0.01 mol/L PBS 缓冲液：称取 8 g NaCl、0.2 g KCl、1.44g Na_2HPO_4

（或 3.63 g Na$_2$HPO$_4$·12H$_2$O）和 0.24 g KH$_2$PO$_4$，溶于 800 mL 蒸馏水中，用 HCl 调节溶液的 pH 至 7.4，最后加蒸馏水定容至 1 L。

3）2×MRWB 缓冲液：160 mmol/L KCl、40 mmol/L NaCl、14 mmol/L Na$_2$EGTA，1 mmol/L 盐酸亚精胺、0.4 mmol/L 亚精胺、30 mmol/L Na-PIPES（pH7.4）和 0.02% β-巯基乙醇。

4）60%异丙醇：60 mL 异丙醇加水定容至 100 mL。

5）Oil-Red-O 染色用液：0.5 g Oil-Red-O 染料加入到 100 mL 异丙醇中数天，使用时用双蒸水将其稀释到 60%，然后轻微振荡 1 h 以上，采用 0.45 或 0.22 μm 的滤膜过滤后即可染色。

6）4%多聚甲醛：称取 40 g 多聚甲醛加入 1 L PBS 中，加热持续搅拌至溶液澄清（4℃ 保存，2 周内用完）。

（3）实验仪器与用具

水平摇床、生化培养箱（16～20℃）、Motic 体视解剖镜、光学显微镜、水浴锅、印管等。

四、实验方法与步骤

具体参考杜爱芳教授课题组公布的方法进行（Yan et al., 2014）。

（1）收集 200～300 条 L4 期的虫体（或利用 PBS 洗涤 NGM 平板，获取适量虫体）于 1.5 mL EP 管，PBS（pH7.4）冲洗三次，每次自然沉淀 20 min，弃去上层液体。

（2）取虫体沉淀，加入 120 μL PBS 和 120 μL 含有 4%多聚甲醛的 2×MRWB 缓冲液使虫体重悬，室温下柔和振荡 1 h。

（3）虫体自然沉淀，弃去上层液体，加入 1×PBS 洗去多聚甲醛，PBS（pH7.4）洗三次，每次自然沉淀 20 min，弃去上层液体。

（4）第三次洗涤后，加入 1 mL 60%的异丙醇脱水 15 min，自然沉淀 20 min，除去异丙醇，加入 1 mL 60%的 Oil-Red-O 室温振荡染色过夜。

（5）自然沉淀 20 min，除去染料，加入含有 0.01% Tritonx-100 的 PBS 200 μL，于显微镜下观察虫体的染色情况。

五、注意事项

（1）由于多次洗涤虫体会造成虫体损失，因此需要尽可能多地收集虫体。

（2）Oil-Red-O 室温振荡染色过夜时需用封口膜封口，避免有机溶剂挥发。

六、实验结果

在不同发育阶段的虫体观察到 Oil-Red-O 染色的脂肪颗粒。

七、思考题

简述秀丽隐杆线虫其他染色方法，并与 Oil-Red-O 染色进行优缺点比较。

第五节 秀丽隐杆线虫的毒理学实验模型

一、实验目的与要求

（1）掌握秀丽隐杆线虫毒理学实验模型的构建方法。

（2）掌握秀丽隐杆线虫后代数目、世代时间、寿命、头部摆动频率、身体弯曲频率及化学趋向性等毒理学指标的测定方法。

二、实验背景与原理

秀丽隐杆线虫对重金属作用极为敏感，可以作为环境指标生物。重金属暴露会降低秀丽隐杆线虫的活动能力，缩短寿命，抑制其繁殖能力，甚至造成的影响能在生物世代间传递（Wu et al.，2012），由重金属暴露造成的缺陷也可能使动物后代变得更为严重。

三、实验材料、试剂和仪器

（1）实验材料

秀丽隐杆线虫（N2 野生型）、*E. coli* 尿嘧啶突变体 OP50。

（2）实验试剂

1）33 mmol/L 叠氮化钠溶液：2.15 g 叠氮化钠溶于水中，定容至 1 L。

2）重金属铬溶液：用 $CrCl_3 \cdot 6H_2O$ 配制铬浓度为 0、2.5 μmol/L、75 μmol/L 和 200 μmol/L 的铬溶液。

3）NGM 培养基：NaCl 0.3 g、蛋白胨 0.25 g、琼脂 1.7 g、1.0 mol/L KH_2PO_4-K_2HPO_4 缓冲液（pH6.0）2.5 mL，加水定容至 100 mL，高压灭菌，待温度降至 45℃ 左右时，加入胆固醇乙醇溶液（5.0 mg/mL 乙醇）0.1 mL、1.0 mol/L $MgSO_4$ 0.1 mL 和 1.0 mol/L $CaCl_2$ 0.1 mL。

4）M9 缓冲液：$NaHPO_4 \cdot 12H_2O$ 1.512 g、KH_2PO_4 0.3 g、NaCl 0.5 g、

1 mol/L MgSO$_4$ 0.1 mL，加水定容至 100 mL。

5）清洗缓冲液：5 mmol/L K$_3$PO$_4$、1 mmol/L CaCl$_2$、1 mmol/L MgSO$_4$ 和 0.5 g/L 明胶，调节 pH 为 6。

（3）实验仪器与用具

Motic 体视解剖镜、生化培养箱（16~20℃）、酒精灯、水浴锅、胶头滴管的中空管、光滑载玻片、0.2 mm 的铂金丝、1 角的硬币、记号笔、刀刃面为直面的手术刀、3.5 cm 的培养皿、长形盖玻片、锥形瓶、琼脂块等。

四、实验方法与步骤

1. 线虫暴露

挑取 L4 期秀丽隐杆线虫置于含不同浓度的铬溶液的培养皿中暴露 72 h，对照组则将 L4 期线虫暴露于滴加了不含铬的溶液的培养皿中。

2. 后代数目、世代时间和寿命测定

（1）记录暴露的线虫发育为成虫后所产生的后代数目。

（2）记录暴露线虫成虫产卵到其 F$_1$ 代成虫产卵的时间间隔（世代时间）。

（3）将对照组、暴露组及后代培养组的 L4 期线虫定义为 $t=0$，将 L4 期线虫转移至单个培养皿上培养或暴露 72 h，然后在繁殖期每隔 2 d 转移到新的培养皿中，记录存活成虫的数目，$t=0$ 至线虫全部死亡的天数为线虫寿命。

3. 头部摆动频率测定

（1）将已发育为成虫的暴露线虫和对照组线虫挑入含 M9 缓冲液的新培养基上，静置 1 min 使其恢复活性。

（2）记录线虫在 1 min 内头部摆动次数（当身体弯曲达到体长的一半作为 1 次头部摆动）。

4. 身体弯曲频率测定

将发育为成虫的暴露 L4 期线虫转移至没有 OP50 的 NGM 培养基上，记录 20 s 内身体弯曲的次数；假定沿着咽泵的方向为 y 轴，那么线虫爬行过程中，身体沿着相应 x 轴方向上的 1 次改变定义为 1 个身体弯曲。

5. 化学趋向性测定

（1）在含有 5 mmol/L K_3PO_4、1 mmol/L $CaCl_2$、1 mmol/L $MgSO_4$、20 g/L 琼脂，pH6.0 的测试盘上放一个含有 100 mmol/L NaCl 的琼脂块，处理 14 h。

（2）在放置小块的中央滴加 1 μL 叠氮化钠，使运动到此处的线虫麻痹，在距离放置高钠小块中央 4 cm 的地方也滴加叠氮化钠。

（3）将对照组和暴露组线虫均用清洗缓冲液冲洗 3 次。

（4）将线虫在无 NaCl 无 OP50 的平板上饥饿 3 h，随后用清洗缓冲液收集线虫并放置于两叠氮化钠液滴等距离的地方，使线虫自由运动 45 min。

（5）统计距离两叠氮化钠液滴 1.5 cm 范围内线虫数目和测试盘上线虫总数。

（6）化学趋向性指数 CI =［（处于 NaCl 区的线虫数−对照区的线虫数）/ 测试盘上线虫总数］×100%。

五、注意事项

在每个实验中，对照组和暴露组的线虫数量应保持一致。

六、实验结果

获得重金属铬处理后，线虫在运动行为、化学趋向性、寿命以及繁殖性能等方面的数据，并进行统计学分析。

七、思考题

对不同浓度重金属铬处理后线虫的毒理学指标利用 SPSS 软件进行统计分析，阐明重金属铬对线虫运动行为、化学趋向性、寿命及繁殖性能的影响。

参 考 文 献

Ambros V. Control of developmental timing in *Caenorhabditis elegans*[J]. Current Opinion in Genetics & Development, 2000, 10(4): 428-433.

Garcia LR, Mehta P, Sternberg PW. Regulation of distinct muscle behaviors controls the *C. elegans* male's copulatory spicules during mating[J]. Cell, 2001, 107(6): 777-788.

Jorgensen EM, Mango SE. The art and design of genetic screens: *Caenorhabditis elegans*[J]. Nature Reviews Genetics, 2002, 3(5): 356-369.

Mello C, Fire A. DNA transformation[J]. Methods in Cell Biology, 1995, 48: 451-482.

Wu Q, Qu Y, Li X, et al. Chromium exhibits adverse effects at environmental relevant concentrations in chronic toxicity assay system of nematode *Caenorhabditis elegans*[J]. Chemosphere, 2012, 87(11): 1281-1287.

Yan B, Guo X, Zhou Q, et al. Hc-fau, a novel gene regulating diapause in the nematode parasite *Haemonchus contortus*[J]. International Journal for Parasitology, 2014, 44(11): 775-786.

第五章 果　　蝇

第一节　果蝇模型研究历史与成就

果蝇是生物学研究人员非常熟悉的一种经典模式生物，属于昆虫纲（Isecta）双翅目（Diptera）果蝇科（Drosophilidae）果蝇属（*Drosophila*），与常见的苍蝇同目异科。该属现已被描述的有1500多种（Markow & O'Grady，2006），其中，黑腹果蝇（*Drosophila melanogaster*）是生命科学研究领域中应用最为普遍的一个物种（邵素娟等，2018）。目前，果蝇作为重要模型主要用于神经退行性病变、代谢疾病、肿瘤等疾病发病机制方面的研究（Mercer et al.，2017），还广泛应用于遗传学、发育生物学、神经生物学、行为学以及信号转导等多个领域（Lewis et al.，1978；Guo et al.，2005；吕爱新，2007）。对果蝇染色体组成和表型、基因编码和定位的研究（果蝇数据库：http://flybase.org），是其他非模式生物无法比拟的（林晶晶，2018）。果蝇研究历史悠久，有着清晰的遗传背景和便捷的遗传操作，1910年美国遗传学家摩尔根以果蝇作为研究工具发表论文至今，众多科研人员一起奠定了果蝇的百年辉煌（林晶晶，2018）。一百多年来，有关果蝇的研究在遗传学、发育生物学、分子生物学、神经生物学、细胞生物学、免疫学等领域起到了十分重要的作用，继而推动了多个相关学科的发展，其间接影响甚广（Rubin，2000）。

近年来，随着果蝇突变体构建技术的飞速发展，从最初的物理诱变（X射线）、化学诱变、P-转座子介入突变完成的随机突变，已经发展到基于同源重组的基因打靶、RNA干扰、ZFN、TALEN及CRISPER/cas9技术完成的愈发精准的基因编辑（苏方等，2016）。2000年，果蝇全基因组测序完成，各个国家纷纷建立起自己的果蝇资源库，极大地促进了果蝇研究的发展，诸多研究机构相继构建了果蝇突变体，同时搜集和保藏了大批的果蝇品系（邵素娟等，2018）。果蝇资源库的建立，使得相关科研工作者获得果蝇品系更加方便快捷，极大促进了果蝇科研事业的发展（邵素娟，2018）。其中，由摩尔根的学生布里奇斯（Calvin Bridges）和斯特蒂文特（Alfred Sturtevant）创建的布卢明顿果蝇资源中心（Bloomington Drosophila Stock Center）是目前世界上最大的果蝇资源库。它不仅保存了大量的常用工具果蝇如 UAS-GAL4 果蝇和平衡系果蝇，还保存了缺陷型（deficiencies）果蝇、RNA 干扰果蝇，以及相关基因编辑果蝇的突变体（邵素娟，2018）。

2009 年，中国科学院上海生物化学与细胞生物学研究所成立了果蝇资源与技术平台（Core Facility of *Drosophila* Resource and Technology，SIBCB-Fly，CAS），开始大量搜集果蝇品系，并提供基因敲除、显微注射、果蝇食物制备、品系寄存等各类果蝇相关技术支撑的服务，促进了中国果蝇科研的蓬勃发展，为我国的基础研究、疾病防治和新药研发等方面做出卓越贡献（邵素娟等，2018）。

一、果蝇作为模式生物的优势

果蝇作为模式生物有许多优势。

（1）果蝇的体形较小，但唾腺染色体却特别大，且有 4 对染色体，易于观察。

（2）果蝇的生活周期相对较短，其完成一代仅需 10～14 d。

（3）果蝇非常容易培养，利用水果和发酵物制作的果蝇培养基即可实现实验室培养与传代。

（4）果蝇的遗传操作手段较多且成熟，突变体资源相当丰富。

（5）果蝇有较复杂的行为能力，是观察生命现象实验材料的最佳选择之一（林晶晶，2018）。果蝇的生活周期包括卵（embryo）、幼虫（larvae）、蛹（pupa）和成虫（adult）四个阶段，其中幼虫阶段又可分为 1 龄幼虫、2 龄幼虫、3 龄幼虫三个时期，属于完全变态发育（相关视频：https://www.jove.com/science-education/5082/）。果蝇完整的发育周期（即从初生卵发育到羽化的成虫）大约为 10 d（环境温度 25℃，相对湿度 60%），通过调节饲养温度可以加速或者延缓果蝇的发育（高斌等，2008）。果蝇幼虫的个体在 3 龄时达到最大，其体长约 2 mm，果蝇成虫的体长也仅为 2～3 mm。雌性果蝇成虫在新羽化后 8 h 左右即可进行交配，约 40 h 后即可开始产卵，初期每天产卵可达 50～70 枚，第 4～5 天出现产卵高峰，累计产卵量可达上千枚（聂晓颖，2007）。果蝇较短的生命周期和较强的繁殖能力，使得研究人员可以在极短的时间内繁殖培养出大量的特定种系果蝇（林晶晶，2018）。此外，果蝇还具有较为复杂的社会行为如觅食、求偶、打斗、运动、趋光、趋触、昼夜节律等，这些都给研究者们观察和研究提供了参考，使果蝇得以广泛应用于生物学研究（林晶晶，2018）。

二、模式生物果蝇的研究意义

生命从低等缓慢演化到高等，许多基本生命活动方式还保持着相似性，这是模式生物研究策略能够成功的基础（林晶晶，2018）。在 2000 年，研究人员已经完成了果蝇的全基因组测序，数据表明果蝇基因组的大小约 1.8 亿个碱基对，共编码约 13600 个基因；其中，超过 75% 的人类基因都能在果蝇基因组中找到对应的同源基因，因此果蝇是研究人类疾病的良好模型（邵素娟等，2018）。

近年来，果蝇作为模式生物广泛应用于有关免疫、癌症、衰老、行为、神经退行性疾病等的科学研究中。果蝇中枢神经系统的神经胶质细胞和神经元的数目与脊椎动物相当，且它们有相同类型的神经递质系统，能完成相当复杂的神经行为。以往大量的研究表明，果蝇和人类之间有大量的基因和信号传导通路都是保守的，这些使得果蝇成为发现疾病相关遗传因子的有效工具（Adams & Sekelsky，2002）。果蝇的神经系统相对于其他物种（如脊椎动物等）来说相对简单，并且其生理、生化等研究相对简单易行，但是它的神经系统又具有一定的复杂性，使得果蝇可以完成求偶、交配、学习、记忆、觅食以及昼夜节律等复杂行为（林晶晶，2018）。果蝇无论是在蛋白质分子基础，还是信号传导通路，无论是神经编码方式，还是突触传递机制，以及神经疾病的发生和病症上，都与哺乳动物有高度的相似性（周先举，2005）。因此，利用果蝇为模式生物来研究生命科学的一些基本问题，是一个相当简捷而有效的途径。

21世纪以来，诺贝尔生理学或医学奖已多次授予与果蝇相关的研究。2004年，理查德·阿克塞尔（Richard Axel）与琳达·巴克（Linda Buck）因发现果蝇大脑中负责嗅觉的特定区域而获得诺贝尔生理学或医学奖（赵婷婷，2021）。他们的研究揭示了嗅觉系统的工作原理，发现了一个大型基因组，其中包含大约1000种不同的基因，产生了许多嗅觉受体。果蝇成为进一步阐明基因、神经（脑）和行为间关系的理想模型（梁前进和王婷娜，2015）。2011年，朱尔斯·霍夫曼（Jules A. Hoffmann）因发现果蝇 *Toll* 基因在先天免疫系统中的重要作用而获奖，现在已发现人体内同样具有 Toll 样受体，这进一步展示了果蝇作为模式生物的作用（赵婷婷，2021）。2017年，杰弗里·霍尔（Jeffrey C. Hall）、迈克尔·罗斯巴什（Michael Rosbash）和迈克尔·杨（Michael W. Young）利用果蝇发现了控制生物钟的分子机制，也获得了诺贝尔生理学或医学奖，这是果蝇第5次帮助科学家们赢得诺贝尔奖，表明果蝇仍然是生命科学研究领域一种至关重要的模式动物（汤波，2018）。至今，仍有许多科学家在利用果蝇开展一系列原创性的研究，相信在不久的将来，果蝇还将为各个领域的研究再立新功。

第二节　果蝇观察与饲养

一、实验目的与要求

（1）了解果蝇生活史中各个不同阶段的形态特点。
（2）掌握实验果蝇的饲养、管理及实验处理方法和技术。
（3）掌握果蝇的麻醉及观察方法。
（4）掌握果蝇性别的鉴定方法。
（5）仔细观察并记录实验室各品系果蝇的主要性状特征。

二、实验背景与原理

1. 果蝇的生活史

果蝇的生活周期长短与温度高低密切相关，培养果蝇的最适温度为20～25℃，在25℃时，果蝇从卵发育到成虫约10 d，之后成虫可以存活约15 d。高温30℃以上能使果蝇不育和死亡，低温则使其生活周期延长同时活力降低（表5.1）。

表5.1　果蝇的生活周期与温度

温度	10℃	15℃	20℃	25℃
卵→幼虫	—	—	8 d	5 d
幼虫→成虫	57 d	18 d	6.3 d	4.2 d

（1）卵

羽化后的雌果蝇一般在8 h后可以进行交配，两天后开始产卵。卵约长0.5 mm，椭圆形，腹面稍扁平，在背面的前端有一对触丝，它能使卵附着在培养基或瓶壁上，不致深陷到培养基中。

（2）幼虫

果蝇从卵孵化出来后，需要经过两次蜕皮，才能发育成三龄幼虫，此时其体长可达4～5 mm。肉眼可见其前端稍尖部分为头部，上面有一个黑色斑点即为果蝇的口器。口器后面可以见到一对透明的唾液腺，透过体壁可以找到一对生殖腺位于躯体后半部上方的两侧，其精巢较大，外观上是一个明显的黑点，若是卵巢则比较小，可以用这个不同点作为鉴别雌雄的特点。果蝇幼虫的活动力较强而且贪食，当其在培养基上爬行时，会留下很多条沟，若沟多且宽时，则表明此果蝇幼虫生长状态良好。

（3）蛹

果蝇的幼虫在生活 7~8 d 后准备化蛹，化蛹前会从培养基上爬出，附着在瓶壁上，并逐渐形成一个梭形的蛹，在果蝇蛹的前部有两个呼吸孔，其后部有尾芽，初期蛹壳的颜色淡黄，之后蛹壳会逐渐硬化，直至颜色变为深褐色表明其即将羽化。

（4）成虫

果蝇的幼虫会在蛹壳内完成成虫体型和器官的分化，之后从蛹壳前端爬出。刚从蛹壳里羽化出来的果蝇虫体较长，其翅膀尚未展开，体表尚未完全几丁质化，故呈半透明的乳白色。这时透过果蝇腹部的体壁，可以看到其黑色的消化系统。不久之后，虫体将变为短粗圆形，双翅完全展开，体色逐渐加深。例如，野生型果蝇初为浅灰色，之后呈灰褐色。

果蝇一般在恒温箱内培养，若环境温度较高，要注意降温。

2. 形态构造

果蝇的头部有一对触角，一对复眼和三个单眼；其胸部有三对足，一对翅和一对平衡棒；其腹部有腹片，背面有黑色环纹，腹部末端有外生殖器，全身有许多刚毛和体毛。

3. 果蝇成虫雌雄的鉴别

通过对果蝇成虫的观察和分析，可以判断其性别（表 5.2）。成熟的雄性果蝇通常比雌性果蝇更小，身体呈现出更圆和较窄的腹部。此外，雄性果蝇的眼睛通常更大，颜色更鲜艳。而雌性果蝇则相对较大，身体形状更丰满，腹部较宽。其眼睛也较小，颜色相对较暗。果蝇的性别鉴别对于很多实验都是非常重要的，因为它们的行为和特征在许多生物学研究中都扮演着重要的角色。因此，在实验室中，对于果蝇成虫的鉴定是非常重要的一环。

表 5.2　雌、雄果蝇成虫的性状特点

性状	雌果蝇（♀）	雄果蝇（♂）
体型	较大	较小
第一对足跗节	无性梳	有性梳
腹末端	钝而圆	稍尖
腹片	6 个	4 个
腹背面条纹	5 条	3 条
外生殖器	简单	复杂

4. 果蝇常见的几种突变表型特征

研究表明，果蝇有很多的突变体，其中有一些比较常见的表型特征（表 5.3）。有些果蝇突变体翅膀比正常果蝇的翅膀更小，或者形状异常。另一个常见的突变特征是眼睛的颜色，正常果蝇的眼睛是红色的，但有些果蝇突变体的眼睛变成了白色或其他颜色。此外，果蝇突变还常常导致行为上的变化，如攻击性、运动能力等方面的改变，这些突变表型特征为我们更深入地了解基因和表型的关系提供了宝贵的材料。

表 5.3　果蝇突变体表型特征

突变性状名称	基因符号	形状特征	所在染色体
白眼	w	复眼白色	X
棒眼	B	复眼横条形	X
檀黑体	e	体呈乌木色，黑亮	ⅢR
黑体	b	体呈深色	ⅡL
黄身	y	体呈浅橙黄色	X
残翅	vg	翅退化，部分残留不能飞	ⅡR
焦刚毛	sn	刚毛卷曲如烧焦状	X
小翅	m	翅较短	X

更多有关果蝇突变体的信息可以查询果蝇数据库。例如，果蝇突变体的体色和翅形（http://flybase.org/reports/FBrf0220532.html），果蝇突变体的眼睛和头壳（http://flybase.org/reports/FBrf0220532.html）。

5. 果蝇的染色体组成与性别决定

（1）染色体组成

果蝇染色体为二倍体，$2n=8$。

核内有丝分裂：不涉及细胞分裂和核分裂的染色体分裂方式。

染色体联会：一些特殊的体细胞中如果蝇唾腺细胞的染色体经多次复制却不分开，依旧紧密地排列在一起就像减数分裂中的联会现象一样。

染色体组：来自二倍体生物的正常配子的所有染色体。

连锁群：来自配子中的每条染色体及其携带的基因。

（2）果蝇的性别决定

果蝇的性别决定为 XY 型，Y 染色体在性别决定上不起作用，只与育性有关。含有 Y 染色体，可产生正常的配子，不含 Y 染色体，则配子不育。性别决定与性比值（性指数）有关。

$X/A=1$ 则为雌性；$X/A=0.5$ 则为雄性。

$X/A>1$，为超雌；$X/A<0.5$，则为超雄；$0.5<X/A<1$ 则为中间性。

雌雄基因平衡理论：对果蝇而言，X 染色体上有决定雌性的基因，常染色体上有决定雄性的基因存在，其比值决定果蝇的雌或雄，Y 染色体上很少或没有与性别决定有关的基因，因此 Y 染色体只与育性有关，而与性别无关，性别决定于基因的平衡。

三、实验材料、试剂和仪器

（1）实验材料

黑腹果蝇。

（2）实验试剂

果蝇培养基、乙醚等。

（3）实验仪器与用具

双目解剖镜、放大镜、小镊子、麻醉瓶、白瓷板、新毛笔等。

四、实验方法与步骤

1. 培养基的制备

我们常常可以在水果上见到果蝇，但果蝇并不是直接以食用水果为生，而是食用生长在水果上的酵母菌，因此实验室内选用能发酵的基质可作为果蝇的培养基。

配制步骤：取适量水加热煮沸后加 8.5 g 琼脂进行溶解→加 65 g 蔗糖→边搅拌边加 85 g 玉米粉→加水到 1000 mL→加热成糊状后→不停搅动混合冷却至 50℃ 左右加入 7 g 酵母粉→混合均匀，稍冷却后加入 5 mL 丙酸（防腐剂）→搅拌调匀后，将配好的培养基倒入经过灭菌的培养瓶中（达到 2～3 cm 厚即可）→用灭菌的纱布棉塞塞好瓶口，冷却待用（表 5.4）。

表 5.4　果蝇培养基的配制（1000 mL）

玉米粉	蔗糖	琼脂	干酵母	丙酸
85 g	65 g	8.5 g	7 g	5 mL

培养果蝇的饲养瓶，常用的有大中型指管和锥形果蝇瓶，用纱布包裹的棉花球作瓶塞（也可采用配套大小的乳胶海绵塞）。饲养瓶先消毒，然后倒入适量培养基（2～3 cm 厚），待冷却后，用酒精棉擦瓶壁，再滴入 1～2 滴酵母菌液，然后插入消毒过的吸水纸，作为幼虫化蛹时的干燥场所。

暂时不用的培养基应待管壁干燥后塞紧管/瓶塞，再放入 4℃ 冰箱中或清洁阴凉处保存（可保存一周），再次取用前，可在培养瓶内加入适量干酵母粉或数滴酵母菌液。

2. 果蝇培养

将每 3～5 对雌雄果蝇转入待用培养基中，进行培养，根据当前生长周期而定可以设置隔天观察其生长情况。

在作为新的留种培养时，应事先检查一下果蝇有没有混杂，以防原种丢失。亲本的数目一般每瓶 5～10 对，移入新培养瓶时，须将瓶横卧，然后将果蝇挑入，待果蝇清醒过来后，再把培养瓶竖起，以防果蝇粘在培养基上。

原种每 2～4 周换一次培养基（根据环境温度而定），每一原种培养至少保留两套。培养瓶上标签要写明名称、培养日期等，作为原种培养，可控制到 10～15℃，培养时避免日光直射。

有关视频可以参照以下网络内容。

【JoVE】模式生物果蝇的饲养与保存：https://www.jove.com/science-education/5084/。

【JoVE】模式生物黑腹果蝇卵和幼虫收获及准备：https://www.jove.com/

science-education/5094/。

3. 果蝇的麻醉及观察方法

本方法参考王霞等人的文献（王霞等，2019）。

（1）对果蝇进行检查时，可选用二氧化碳进行麻醉，使它保持静止状态。将装有需要进行操作的果蝇管或果蝇瓶倒置倾斜握住，打开二氧化碳，将二氧化碳枪头伸入管/瓶中，轻按二氧化碳枪充入适量二氧化碳。

（2）片刻后，果蝇因麻醉而掉落，轻磕果蝇管/瓶以避免其粘到管/瓶底或管/瓶壁，取出海绵塞，将果蝇倒在通气板上。

（3）打开体视显微镜，将光源调节至合适的亮度。调节显微镜放大倍数及焦距，直至能看清果蝇。

（4）麻醉后的果蝇放在白瓷板上，用毛笔或柔软的羽毛轻轻拨动并进行观察，必要时可进行第二次麻醉。

（5）观察结束后，将果蝇倒入酒精瓶中（死蝇盛留器），统一处理。

五、实验结果

将麻醉后的果蝇倒在白瓷板上检查，分辨雌雄果蝇，观察各种突变表型特征，将观察到的果蝇常见突变表型特征填在表 5.5 中。

表 5.5　果蝇常见突变表型特征

突变	e	y	w	B	wy	vg	勺翅	缺刻	三隐性
体色									
眼色形									
翅形									
刚毛									

六、思考题

实验用的果蝇饲养及保种有哪些注意事项？

第三节 果蝇行为实验

一、实验目的与要求

（1）观察和记录果蝇的求偶行为，并对不同情况下的求偶行为进行比较。

（2）掌握果蝇观察方法和数据分析工具，以便准确地记录和比较果蝇的行为。

二、实验背景与原理

昆虫的繁殖是个相对复杂的过程，其中包括异性引诱、求偶、交配、产卵和抚幼等行为。在昆虫交配前需要在两性之间经过一系列的信息交流，即求偶行为。昆虫通过求偶这一行为吸引异性，继而引起兴奋，进而产生交配，从而为繁衍提供可能（陈文涛等，2017）。求偶行为可以通过神经系统和内分泌系统的作用，调节两性之间排卵、排精的协调，提高受精率（项兰斌等，2016）；昆虫的求偶行为形式多样，包括喂食、跳舞、鸣声、信息素等（陈文涛等，2017）。

了解昆虫求偶行为方式有助于研究昆虫的生物学、生态学特性以及求偶的进化机制，同时，对有益昆虫的保护和利用、有害昆虫的防御和控制也具有积极的意义（刘若楠等，2008）。近年随着对昆虫求偶行为的深入研究，越来越多的昆虫求偶行为特征被广泛应用于生物学研究的各个领域。

三、实验材料与仪器

（1）实验材料

本实验可采用任何品种的果蝇进行观察，不同种的果蝇可能会显示出不同的行为特征。实验过程中，请将不同龄的果蝇分开进行饲养和观察，此外果蝇一经羽化，务必将雄性果蝇和雌性果蝇及时分开进行饲养。

（2）实验仪器与用具

用亚克力或石膏等材料制成的观察室，果蝇培养基和培养用的试管，吸管和容器，秒表。

四、实验方法与步骤

（1）将不同日龄（1日龄、2日龄和3～5日龄）的雌性果蝇和雄性果蝇各一头分别放入在不同的观察室，观察是否有以下的求偶行为，并作比较（陆厚基，1994）。

1）展翅行为：雄性果蝇展开翅膀并快速振动，有时两翅同时展开，有时只展开左翅或右翅，其展翅的持续时间不一。

2）尾追行为：雄性果蝇在展翅并振动的过程中有可能会用头部去碰撞雌性果蝇的腹部，当雌性果蝇向前运动时，雄性果蝇会紧随其后，随后雌性果蝇可能会用后足把雄性果蝇踢开。

3）打圈行为：雄性果蝇有时会从雌性果蝇的后方或侧面围绕雌性果蝇做出快速的打圈运动，打圈的角度有可能是180°，也有可能是360°，打圈期间也会伴随有展翅并振动的行为。

4）面对面行为：在求偶的过程中，有时雌性果蝇和雄性果蝇会面对面静止不动。

（2）将一头交配过的雄性果蝇和一头未交配过的雌性果蝇放在一起，观察是否有上述求偶行为，并作比较。

（3）比较不同种果蝇的求偶行为。

五、实验结果

在作上述观察时，请记录从果蝇放入到表现出求偶行为的时间、展翅行为持续的时间、打圈行为的次数和角度、面对面行为的次数和持续时间（表5.6）。

表 5.6　果蝇行为记录表

组别	求偶行为时间	展翅持续时间	打圈次数	打圈角度	面对面次数	面对面持续时间
第一组 （1 日龄♂/♀）						
第二组 （2 日龄♂/♀）						
第三组 （3～5 日龄♂/♀）						
第四组 （已交配♂/未交配♀）						
第五组 （其他）						

六、思考题

结合目前果蝇研究的最新进展，思考还能设计哪些果蝇行为实验来进行研究？

参 考 文 献

陈文涛，王丽娜. 昆虫的求偶行为特征及应用[J]. 生物学通报，2017，52(8)：1-3.

高斌，冀莲勤，马超，等. 利用AFLP技术分析果蝇黑疱翅突变体[J]. 河北师范大学学报（然科学版），2008，(5)：672-678.

梁前进，王婷娜. 催生诺贝尔奖的昆虫——果蝇[J]. 生物学通报，2015，50(11)：4-8.

林晶晶. 模式生物果蝇在科学研究中的应用分析[J]. 生物化工，2018，4(3)：135-137.

刘若楠，颜忠诚. 昆虫求偶行为方式及生物学意义[J]. 生物学通报，2008，43(9)：6-8.

陆厚基. 动物行为实验：果蝇求偶行为实验[J]. 生物学教学，1994，(5)：31.

吕爱新. 生命科学的功臣——果蝇[J]. 生物学教学，2007，(5)：65-66.

聂晓颖. 果蝇鸣声特征提取及人工神经网络分类研究[D]. 陕西师范大学硕士学位论文，2007.

彭威，冯蒙洁，陈皓，等. 双翅目昆虫基因组研究进展[J]. 遗传，2020，42(11)：1093-1109.

邵素娟. 国际上的果蝇资源中心和基因工程[C]. 第十一届中国生命科学公共平台管理与发展研讨会摘要集，2018：2.

邵素娟，吴薇. 全球果蝇资源库分布现状分析[J]. 南方农业，2018，12(26)：186-193.

苏方，黄宗靓，郭雅文，等. 从随机突变到精确编辑：果蝇基因组编辑技术的发展及演化[J]. 遗传，2016，38(1)：17-27.

汤波. 果蝇与诺贝尔奖[J]. 中学生阅读：初中读写，2018，(7)：2.

王霞，沈达，乔欢欢，等. 实验用果蝇的饲养及管理[J]. Bio-101：e1010250，2019.

项兰斌，谢广林，王文凯. 昆虫求偶行为在分类学上的应用[J]. 环境昆虫学报，2016，38(5)：883-887.

徐荣刚，王霞，王芳，等. 果蝇研究技术与资源的开发[J]. 中国实验动物学报，2018，26(4)：489-492.

赵婷婷. 模式生物果蝇研究热度变化趋势梳理[J]. 生物学教学，2021，46(3)：79-80.

周先举. 果蝇群体嗅觉行为的昼夜节律以及阻断嗅觉传入和听觉缺陷对果蝇活动昼夜节律的影响[D]. 中国科学院神经科学研究所博士学位论文，2005.

Adams MD, Sekelsky JJ. From sequence to phenotype: reverse genetics in *Drosophila melanogaster*[J]. Nature Reviews Genetics, 2002, 3(3): 189-198.

Guo J, Guo A. Crossmodal interactions between olfactory and visual learning in *Drosophila*[J]. Science, 2005, 309(5732): 307-310.

Holtzman S, Kaufman T. Large-scale imaging of *Drosophila melanogaster* mutations [DB/OL]. 2013, FlyBase ID: FBrf0220532.

Lawrence P. The making of a fly, The genetics of animal design[M]. Oxford: Blackwell Science, 1992.

Lewis EB. A gene complex controlling segmentation in *Drosophila*[J]. Nature, 1978, 276(5688): 565-570.

Markow TA, O'Grady P. *Drosophila*: a guide to species identification and use[M]. London: Academic Press, 2006.

Mercer SW, Wang J, Burke R. *In vivo* modeling of the pathogenic effect of copper transporter mutations that cause Menkes and Wilson diseases, motor neuropathy, and susceptibility to Alzheimer's disease[J]. The Journal of Biological Chemistry, 2017, 292(10): 4113-4122.

Rubin GM, Lewis EB. A brief history of *Drosophila*'s contributions to genome research[J]. Science, 2000, 287(5461): 2216-2218.

第六章 四 膜 虫

第一节 四膜虫研究简介

纤毛门原生动物（纤毛虫）是一类分化程度最高的单细胞真核生物，可作为生物模型在细胞学、遗传学、发育生物学、进化生物学等领域开展相关研究。纤毛虫为全球性普遍分布，主要分布于海洋、淡水、土壤等各类生境中，目前已知种类超过万种；同时，该类生物在微食物网以及水生态系统中扮演着能量和物质传递枢纽的角色，是环境生物学和生态学研究者关注的重要对象。

2009年，诺贝尔生理学或医学奖的颁发使得纤毛虫这类小如针尖的生物重新吸引了广大生物学工作者及生物爱好者的目光。三位获奖科学家（澳大利亚的伊丽莎白·布莱克本、美国人卡罗尔·格雷德与杰克·绍斯塔克）以四膜虫（tetrahymena）为研究材料发现端粒（telomere）与端粒酶（telomerase）保护染色体的机理，该项研究对人类癌症和衰老的探知具有重要意义（Blackburn & Gall，1978；Greider & Blackburn，1985）。

事实上，回顾过去半个多世纪的科学研究中，以四膜虫为生物实验材料的研究已经取得了一系列突破性的重大成果。例如，20世纪60年代发现了在细胞骨架上充当"搬运工"的动力蛋白（dynein），以及更高等生物（如后生动物）才拥有的驱动蛋白基因，因此四膜虫可作为一个模型，利于运用基因敲除的方法研究细胞马达蛋白的功能；1970~1980年间端粒与端粒酶的发现，以及两者作用机制的研究，极大地促进了人们对细胞老化过程的认知；20世纪80年代发现的核酶（ribozyme）及核糖核酸（ribonucleic acid）的自我拼接,使得"酶都是由蛋白质组成的"的固有观念被打破,切赫教授因该发现而获得 1989 年的诺贝尔化学奖(Kruger et al., 1982);20 世纪 90 年代发现的组蛋白乙酰化翻译后修饰功能已经成为当今表观遗传学的经典文献之一;四膜虫大核 DNA 重整中 RNA 干扰(RNA interference)机制的存在被评为 Science 2002 年度科学发现之一(缪伟,2010)。

以四膜虫为实验材料,取得这么多重大发现,人们不禁好奇,四膜虫到底是什么生物?这个小小的单细胞有什么特征?而其微小的体内到底蕴含着怎样巨大的能量?其实,四膜虫时刻与我们亲密相处,广泛分布于世界各类淡水水体中,只是因为过于微小而不被人们所注意。在生物分类系统中,四膜虫属于原生生物界中的纤毛门寡毛纲膜口目膜口科四膜虫属(Lynn,2008),它大小约有 50 μm,周身密布纤毛,口区位于身体前端,因口内具有四片纤毛构成的小膜而得名,主要以水体中的细菌或其他有机质为食物。四膜虫是第一种可以进行无菌培养且达到细胞同步化的真核生物。在培养实验的过程中,流程简单、经济、可操作性强;其生长快速(2~3 h 分裂一次,即细胞数量增长一倍)。以上生物学特点使得四膜虫满足良好实验材料的所有前提条件。四膜虫形态特征如下:细胞内具有大小两型细胞核,二倍体的小核(micronucleus)是生殖核,具有 5 对染色体,在虫体生长过程中基因一般不表达;多倍体的大核(macronucleus)是营养核,约含有 225 条染色体,每个基因约有 45 个拷贝,基因转录异常旺盛。四膜虫大核具有众多的染色体,是染色体末端端粒能在四膜虫中被首次发现的主要原因,也为研究遗传物质 DNA 代谢的分子机制提供了基础。与其他纤毛虫原生动物一样,四膜虫的生殖方式分为横二分裂的无性生殖以及结合生殖的有性生殖。在结合生殖过程中,不同交配型的四膜虫会两两结合,小核发生减数分裂,形成四个小核,但仅保留其中的一个,该小核发生一次有丝分裂,形成两个配子核,两个交配的四膜虫互换其中一个配子核,然后与留在虫体内另一个配子核形成合子核,合子核分裂两次分化成新的两个小核与两个大核,原来的大核降解,四膜虫发生一次分裂,形成两个新的个体。四膜虫接合生殖过程包括了减数分裂、配子发生、合子形成等步骤,与多细胞真核生物的相关过程非常类似,所以该生物成为发育生物学研究的良好材料。同时,在四膜虫各类研究中,成熟的基因重组和细胞转染等分子遗传学操作方法和技术已经建立,这使得基因敲除/插入、基因表达抑制和基因过表达等方法能够在以四膜虫为实验材料的科学研究中方便快捷地使用(张晶等,2016)。

进入 21 世纪后,随着对嗜热四膜虫(*Tetrahymena thermophila*)大核基因组的测序完成,以及其基因预测数据库的建立,人们发现四膜虫相较于其他单细胞真核生物的模式生物,在功能基因和基础生物学等研究中具有更多的优势。如相较于酵母、嗜热四膜虫与人类间拥有更高的基因功能保守性,具备真核生物(包括人类等哺乳动物)中普遍保守的功能基因基础代谢类型,其中包括 58 个与人类疾病密切相关的基因(Eisen et al.,2006),而这些基因在其他单细胞模式生物中(如酿酒酵母、粟酒裂殖酵母等)尚未发现。

近年来,中国科学院水生生物研究所、中国海洋大学、南开大学、中国科学技术大学等科研团队以四膜虫为模式生物开展了大量的科学研究。

1. 四膜虫的功能基因组学研究

2007~2008 年间,中国科学院水生生物研究所针对嗜热四膜虫构建了纤毛虫全基因组基因芯片平台,并且完成了四膜虫全基因组表达数据的采集与分析,建立和发展了协同表达基因的发现等分析方法,为四膜虫功能基因组学的开展夯实了基础。并在此基础上建立了四膜虫基因表达数据库,提供四膜虫基因的表达谱和协同表达基因的搜索服务,提供四膜虫预测基因的核酸与蛋白质序列、基因探针序列等信息。四膜虫功能基因组学数据库(*Tetrahymena* functional genomics database,TetraFGD,http://tfgd.ihb.ac.cn)和四膜虫比较基因组学数据库(*Tetrahymena* comparative genomics database,TetraCGD,http://ciliate.ihb.ac.cn)已成为国际四膜虫研究的重要数据库之一,为国内外科学工作者提供了以四膜虫为实验材料的各类研究的重要资源。

2. 四膜虫的毒理基因组学研究

以四膜虫作为实验材料而开展的毒理学研究已经有多年的历史。随着研究的深入与延伸,实验毒理学研究面临各种挑战。如揭示分子水平的代谢机制、亚细胞水平与化学污染物的交互作用;构建作用于复杂细胞与生理过程的毒性效应模型;阐明细胞在分子水平上与药理生理实验的"终点"以及更高层次的生态效应间的联系；实现对各类新材料-新化合物等素材可能带来的危害作用的预警。四膜虫作为微食物网中的初级消费者，对环境十分敏感，易于培养，并且具备真核生物的基本生命过程，其分子遗传学操作方法成熟且可行性高，是开展环境中低毒污染物或通过食物链传递和放大的污染物监测研究的良好模式材料。

3. 四膜虫进化基因组学

"不在进化论的光芒照射下，生物学的一切理论都将变得苍白无力"（Dobzhansky，1973）。生物进化过程是一个选择过程，物种的个体基因组中那些适合特定的、不断变化的环境的特性可以随同物种多样性的稳定发展以及自然选择的综合作用而得以世代传递。不同物种的生命个体与群体在生物学性状方面存在的差异，直观反映了生物进化过程中基因组与内外环境间相互作用的结果。多基因家族是真核生物基因组的显著特点，这些多基因家族是由共同的祖先基因经过多次重复与变异产生。根据它们在进化过程中的同源性可以分为直系同源和旁系同源两类。对基因功能进行研究的同时，也需要对形成个体的特殊基因及相关基因的表达调控、参与代谢反应过程等背后的演化历程和驱动力进行探讨，从而能更清晰地认识生命的本质和复杂性。因此，以模式生物为实验材料开展相关实验，针对那些具有特殊功能的不同基因家族，从进化生物学的角度探讨基因的功能演化，这是进化基因组学研究中的重要内容。相较于其他单细胞真核生物，四膜虫具有更多的基因数目，其基因组内含有海量的大型基因家族，并且这些基因家族与近期产生的基因复制事件，可能很好地反映了四膜虫重要基因类型发生的功能多样性，以及近期的进化适应性和所受的选择压力。

4. 表观基因组学

基因组 DNA 序列没有改变的情况下，基因的表达调控和性状发生可遗传的变化。表观基因组学就是在基因组水平上研究此类表观遗传的修饰。该类研究包括 DNA 和组蛋白的化学修饰、染色质的可塑性改变、非编码 RNA 的调控等。近年来，我国各个科研团队以四膜虫为模型材料开展了大量的表观遗传学研究（Wang et al.，2019）。

第二节 四膜虫的培养

一、实验目的与要求

（1）学习四膜虫纯培养的实验方法。

（2）在掌握无菌扩大培养方法的基础上，学习四膜虫长期培养方法，确保实验材料的四膜虫能成功长期保种。

二、实验背景与原理

四膜虫属目前已知种类有 10 余种，为世界广域性分布，主要生境为淡水，在咸水或温泉中也有分布。四膜虫虽然不是纤毛虫原生动物中结构最复杂、进化最高等的类群，但它自身所具有的一系列生理特性使其在生物学研究领域逐渐被公认为是一种功能强大、应用广泛的模式生物。四膜虫可以在无菌环境中克隆培养，这是其能成为良好模式生物的优势条件之一，在无菌培养基中其生长繁殖迅速，2.5~3 h 可分裂繁殖一代，耐受温度范围较宽；对一种嘌呤、一种嘧啶以及一些氨基酸的绝对需求，所以易于进行放射性标记；可以通过控制温度等因素，诱导四膜虫接合生殖的同步性；营养细胞大（30 μm×60 μm），可以进行显微注射以及光学显微镜分析。另外，四膜虫比酵母、细菌等具有更大的膜系统，更有利于真核生物膜蛋白的表达，因此在真核生物蛋白过表达等领域也有极大的应用前景。

传统的四膜虫培养技术以及培养基比较复杂，条件苛刻。例如，培养基通常要有葡萄糖、麦芽糖、胰蛋白胨、钳合蛋白、牛肉浸膏、氯化钠、磷酸二氢钠、磷酸氢二钠、硫酸亚铁等多种营养成分，并且需要使用恒温摇床进行摇瓶通气振荡培养，操作过程复杂，对实验技术以及经验要求较高。四膜虫的长期保存需要在 −80℃ 超低温冷冻条件下进行，使用前需要将其融化复壮，此过程会导致四膜虫大量死亡，存活个体的细胞活性也大大降低，需要长时间培养恢复才能继续实验研究。

本实验方法参照杨敏与刘娟（2009）的发明专利，设计了一套简单易行，且适合在本科生教学中开展的四膜虫培养方法。本方法不仅简单便利，而且实现了四膜虫常温下长期保存。而不是传统方法的超低冷冻、复活、复壮等一系列复杂操作，因此提高了本科实验的可行性和易操作性。

三、实验试剂和仪器

（1）实验试剂

液体培养基配制：12.0 g 蛋白胨（proteose peptone）、2.0 g 葡萄糖（glucose）和 3.5 g 酵母浸粉（yeast extract）溶于 1000 mL 无菌蒸馏水中，并调节溶液的 pH 为 7.2。

四膜虫长期保存的液体培养基：5.0 g 蛋白胨、50.0 g 葡萄糖、4.0 g 酵母浸粉溶于 1000 mL 无菌蒸馏水中，并调节溶液的 pH 为 7.2。

（2）实验仪器和用具

解剖镜、摇床、移液器、离心机、高压灭菌锅、冰箱、凹玻片、微吸管、培养皿、锥形瓶、烧瓶、烧杯、灭菌瓶等。

四、实验方法和步骤

1. 四膜虫无菌扩大纯培养实验

（1）样品采集与观察

在淡水环境中采集絮状沉积物、腐质藻类，混同原位水若干瓶，置于光照培养箱。实验前轻轻摇晃混匀水样，将少量样品倒入直径 9 cm 的无菌培养皿中，置于解剖镜下观察（30～40 倍），若发现目标物种四膜虫，将其用微吸管吸出转移至直径 3 cm 或 5 cm 小型无菌培养皿中汇总。

（2）纯化四膜虫清洗

用灭菌纯水清洗汇总后的四膜虫 4～5 次。具体操作为取 5 孔凹玻片，所有凹孔注满灭菌纯水，将四膜虫用微吸管转移到第一孔内，然后依次转移到第五孔，如此四膜虫被清洗 5 次。

（3）四膜虫接种培养

将清洗干净的四膜虫接种于 100 mL 的液体培养基的无菌锥形瓶中，接种比例约为 2%（体积比），液体培养基中加注 20.0 mg/L 的链霉素 10 mL，保证培养容器剩余 2/3 的给氧空间，在 30℃ 下恒温静止培养 96 h。

（4）镜检培养结果

4 d 后镜检，将扩大纯培养的样品充分摇匀，用移液枪吸取 1 mL 虫液于计数框内，加入 2~3 滴鲁格氏固定液，于 100 倍显微镜下镜检计数，细胞数量达到 10^6 个/mL 为合格。

2. 四膜虫无菌长期培养

将扩大纯培养的四膜虫以 5%（体积比）接种于用于长期保存的液体培养基中，保证培养容器剩余 2/3 的给氧空间，在低温培养箱 15℃ 下恒温静置保存约 90 d 后，取出培养虫体复壮 72 h，镜检复壮样品，健康数量达到 10^5 个/mL，重新接种无菌长期培养基中保存。

3. 注意事项

我们通常所说的四膜虫实则为纤毛门中的四膜虫属，该属包含物种数目超过 15 种。在本实验中，实验材料若取自野外，开课师生应寻求专业人士进行准确的物种鉴定。

五、思考题

四膜虫培养过程中哪个特点决定了该类生物是良好的模式生物材料？

第三节　四膜虫的碳酸银染色

一、实验目的与要求

（1）学习纤毛虫的染色方法。
（2）通过碳酸银染色，得到四膜虫核器、纤毛图式等重要细胞结构。

二、实验背景与原理

四膜虫属有 10 余种不同四膜虫，如嗜热四膜虫、梨形四膜虫等。四膜虫主要依靠活体大小、形状、口区占身体的比例、伸缩泡的位置、体动基列的数量、口区小膜的排列方式等特征进行分类，其中部分分类特征在活体观察或非染色状态下不可见，因此为了更好地鉴定所培养物种，需要借助各种染色技术加以显示。常用的染色方法有蛋白银染色法、银浸染色法、碳酸银染色法等。其中蛋白银染色法应用最广，对大部分纤毛虫的染色效果极佳，但是该方法耗时多、过程复杂、掌握困难，且对技术和经验要求极高，不适宜本科生操作。而碳酸银染色法（Fernandez-Galiano 法）经过多位学者几十年的不断改进，已成为最快捷方便且便于新手学习的染色方法。碳酸银染色方法具有快速简便、显示能力强等特点，在操作得当的情况下，十几分钟内即可获得高质量的染色效果。

三、实验试剂和仪器

（1）实验试剂
1）10%福尔马林：4%浓度的饱和甲醛液。
2）50%福尔马林：20%浓度的饱和甲醛液。
3）Fernandez-Galiano 液（F-G 液）：以 3 份吡啶（C_5H_5N）、6 份 Rio-Hortega 液、4 份 4%蛋白胨溶液按比例混合，然后添加 30 份蒸馏水，摇匀。F-G 混合液的有效期较短，仅有几个小时（在低温避光条件下可以保存

24 h，但仍建议使用临时配制混合液）。

4）Rio-Hortega 溶液：5 mL 10%硝酸银与 15 mL 5%碳酸钠混合（产生大量絮状浑浊液），逐滴添加氨水，直至沉淀溶解，然后用蒸馏水稀释至 75 mL。

5）4%蛋白胨：4 g 蛋白胨粉加入 94 mL 蒸馏水溶解，加数滴甲醛以防腐。

（2）实验仪器和用具

显微镜、解剖镜、超声波清洗仪、烘箱、水浴锅、镊子、培养皿、凹玻片、载玻片、盖玻片、烧杯、凡士林等。

四、实验方法与步骤

（1）直径 1 cm 规格小型烧杯中加入 5 mL 4%甲醛，然后加 5 mL 虫液，静置。

（2）再加入 5 mL 的 F-G 液（保证虫液：4%甲醛：F-G 液=1：1：1）。

（3）将盛放虫液与药品的小型烧杯置于约 60℃ 的水浴锅内，缓慢摇动。

（4）溶液由黄色变为棕色时，加 5 mL 5%硫代硫酸钠溶液，终止显影。

（5）镜检，拍照。

五、注意事项

（1）本方法中各试剂间的比例正确对结果至关重要，一定要保证虫体悬浊液：4%甲醛：Fernandez-Galiano 液=1：1：1 的比例。

（2）步骤 4 中加热时间十分关键！从无色到显色仅为数秒钟，立刻终止显色将避免染色过度。

（3）由于本方法通常无法得到优质的永久制片（染色易发生褪色），所以拍照、绘图和数据统计（样本数量足够，建议 $n>20$）必须在水封片中的虫体褪色前（约 1 h 内）完成。

六、思考题

单细胞真核生物银染的机理是什么？碳酸银染色中吡啶起的作用是什么？

参 考 文 献

缪伟. 原生动物四膜虫"小材"有"大用"[J]. 生物学通报, 2010, 45: 1-3.

杨敏, 刘娟. 用于梨形四膜虫的培养、保存的液体培养基和方法[P]. CN: CN101407764A, 2009.

张晶, 田苗, 冯立芳, 等. 嗜热四膜虫减数分裂研究进展[J]. 动物学杂志, 2016, 51: 126-136.

Blackburn EH, Gall JG. A tandemly repeated sequence at the termini of the extrachromosomal ribosomal RNA genes in *Tetrahymena*[J]. Journal of Molecular Biology, 1978, 120: 33-53.

Dobzhansky T. Nothing in biology makes sense except in the light of evolution[J]. American Biology Teacher, 1973, 35: 125-129.

Eisen JA, Coyne RS, Wu M, et al. Macronuclear genome sequence of the ciliate *Tetrahymena thermophila*, a model eukaryote[J]. PLoS Biology, 2006, 4: 286.

Greider CW, Blackburn EH. Identification of a specific telomere terminal transferase activity in *Tetrahymena* extracts[J]. Cell, 1985, 43: 405-413.

Kruger K, Grabowski PJ, Zaug AJ, et al. Self-splicing RNA: autoexcision and autocyclization of the ribosomal RNA intervening sequence of *Tetrahymena*[J]. Cell, 1982, 31: 147-157.

Lynn DH. The ciliated protozoa: characterization, classification, and guide to the literature[M]. 3rd ed. Dordrecht: Springer Press, 2008.

Wang Y, Sheng Y, Liu Y, et al. A distinct class of eukaryotic MT-A70 methyltransferases maintain symmetric DNA N6-adenine methylation at the ApT dinucleotides as an epigenetic mark associated with transcription[J]. Nucleic Acids Research, 2019, 47: 11771-11789.

第七章 原核生物——大肠杆菌

第一节 大肠杆菌基因工程菌研究简介

大肠埃希氏菌（*Escherichia coli*），俗称大肠杆菌，是一种革兰氏阴性短杆菌，大小 0.5 μm×（1~3）μm，周身鞭毛，能运动，无芽孢，能发酵多种糖类、产酸、产气（Tenaillon et al., 2010）。大肠杆菌最早由德国的儿科医生埃舍里希（Escherich）于 1885 年在健康婴儿肠道菌群中首次发现并命名。在 20 世纪中叶以前，大肠杆菌一直被认为是非致病菌，被当作正常肠道菌群之一。此后，科学家们才认识到大肠杆菌包含多种可以对人和动物致病的特殊类型，尤其对婴儿和幼畜（禽）常引起严重腹泻、泌尿性疾病和败血症（Kaper, 2005; Chaudhuri et al., 2012）。

大肠杆菌是人类和其他哺乳动物正常肠道菌群的重要成员，同时作为阐明基因调控机制的早期模式生物，在微生物遗传学、分子生物学领域的发展中也发挥了极其关键的作用，是人类健康和生命科学研究重要的遗传工具。美国遗传学家莱德伯格（Lederberg）采用两株大肠杆菌的营养缺陷型进行实验，发现了细菌的遗传重组，奠定了研究细菌接合方法学的基础（Lederberg, 1955）。此后，他和他的学生、同事、妻子继续钻研，在细菌遗传学方面开展了一系列的突破性研究，比如以大肠杆菌 K12 菌株为实验材料，以 λ 噬菌体为媒介发现了局限性转导（Morse et al., 1956）等。1958 年，莱德伯格因以大肠杆菌为材料发现了细菌遗传物质重组的现象与机制，获得了诺贝尔生理学或医学奖。自从曼德尔和黑格（1970）通过使用二价钙离子和 Taketo（1988）通过电穿孔技术将 DNA 引入大肠杆菌以来，使用外源

DNA（如质粒）进行的转化已被广泛应用（Aune and Aachmann，2010），使得大肠杆菌被广泛用作DNA重组技术中的克隆宿主。由于大肠杆菌易于培养、生长快速，且基因组简单，目前已经对其进行了诸多修改，以将其优化为蛋白质表达的良好宿主（Hayat et al.，2018）。现在大多数常用的商业化大肠杆菌都来自于从人肠道分离的K12和B菌株。K12菌株是1922年从美国加利福尼亚州的一名恢复期白喉患者的粪便中分离出来（Daegelen et al.，2009），由它衍生出的实验室菌株有MG1655、DH5、DH10B和TOP10等，常被用于基因克隆。B菌株的早期历史不太确定，可能是1918年发现的，但1942年才被命名，由它衍生出的BL21菌株及其衍生物最为常见，常用于外源基因的表达（Daegelen et al.，2009）。通常情况下，常见的大肠杆菌菌株的倍增时间约为20 min，大肠杆菌B菌株和克隆菌株K12及二者的衍生物生长时间的差异在基础培养基中较为明显，即B菌株及其衍生物通常比K12菌株及其衍生物生长得更快。原因在于鞭毛的生物合成和组装是一个能量密集型过程（Yoon et al.，2009），而B菌株细胞由于鞭毛蛋白生物合成所需的鞭毛抗原基因 *Fli* 大量缺失，没有鞭毛，在不能运动的同时，生长速度也更为快速（Jeong et el.，2009）。因此，当培养物在不振荡培养的条件下，B菌株细胞会沉到底部，而带有克隆菌株的培养物仍然混浊。

大肠杆菌DH5α是目前最常用的基因工程菌株之一，是由美国科学家哈纳汉（Hanahan）在1985年首次报道的DH5的α亚株。大肠杆菌DH5α属于核酸内切酶、DNA促旋酶、重组酶缺陷型菌株，适合于基因克隆与质粒保存，但它无蛋白水解酶缺陷，表达的蛋白很容易被降解，通常情况下不适合用作表达菌株。大肠杆菌DH5α在使用带有β-半乳糖苷酶N端α片段的编码区的pUC系列的筛选质粒载体进行转化时，可与β-半乳糖苷酶氨基端实现α-互补，从而通过蓝白斑筛选鉴别重组子（Sambrook et al.，2006）。大肠杆菌BL21及其衍生菌株是常用的表达菌株。由于BL21菌株没有T7 RNA聚合酶基因，因此不能表达由T7启动子控制的外源基因，但适合表达大肠杆菌启动子 *lac*、*tac*、*trc* 及 *trp* 控制的基因。大肠杆菌BL21（DE3）菌株是λDE3溶源菌，含有T7 RNA聚合酶基因，适用于表达T7启动子控制的外源基因，也适用于表达大肠杆菌启动子 *lac*、*tac*、*trc* 及 *trp* 控制的基因。大肠杆菌BL21

（DE3）菌株适合用于表达非毒性蛋白。BL21（DE3）pLysS 菌株含有 pLysS 质粒（一种可与 pET 系列质粒共存的、表达 T7 溶菌酶的质粒），可以有效地降低外源基因的基础表达，使外源基因的表达更为严谨。

第二节 大肠杆菌感受态细胞制备与质粒转化

一、实验目的与要求

（1）掌握大肠杆菌感受态细胞的制备方法。
（2）掌握重组 DNA 分子转化大肠杆菌的方法。

二、实验背景与原理

1. 大肠杆菌感受态细胞制备的原理

感受态是指细菌处于易于吸收外源 DNA 的一种状态，而经过特别处理后处于这种状态的细胞称为感受态细胞。细菌感受态形成后，细胞表面正电荷增加，细胞壁和细胞膜的通透性都会增加，同时细胞内部会出现各种蛋白和酶类，负责外源 DNA 的结合和加工等。此外，由于大肠杆菌外膜中存在高拷贝数（每个细胞约 10^5 个）的成孔蛋白，充当分子筛用于最大分子质量高达 5 kDa 的亲水分子的被动转运。因此，像 DNA 和蛋白质这样的大分子不太可能穿过大肠杆菌的细胞壁（Aich et al., 2012）。因此，为了将外源 DNA（重组质粒）导入大肠杆菌，就必须先制备感受态细胞。

氯化钙（$CaCl_2$）介导的外源 DNA 转化大肠杆菌在重组 DNA 技术中发挥着重要作用。通常将大肠杆菌细胞用 100 mmol/L $CaCl_2$ 溶液悬浮，在冰浴条件下，放置过夜后对外源 DNA 分子的转化率提高，放置 24 h 与 DNA 的相互作用更为有效（Aich et al., 2012; Rudchenko et al., 1975）。

2. 重组 DNA 的转化原理

将重组 DNA 导入大肠杆菌感受态细胞，使受体菌获得新的遗传标志，并从中筛选出目的重组子。该实验在低温下将外源重组 DNA 分子与大肠杆菌感受态细胞混合，通过一系列步骤将外源重组 DNA 分子导入受体细胞。在转化过程中完整的双链 DNA 分子会吸附在受体细胞的表面，然后双链 DNA 分子解链，一条单链 DNA 分子进入受体菌，另一条链降解，随后外源质粒 DNA 分子在细胞内又复制成双链环状 DNA，实现自稳，最后外源基因随同复制子而复制，并被转录和翻译。

三、实验材料、试剂和仪器

（1）实验材料

大肠杆菌 DH5α，保存于−70℃ 冰箱。

（2）实验试剂

1）Luria-Bertani（LB）培养基：10 g 蛋白胨，5 g 酵母粉，10 g NaCl，固体培养基加入 15 g 琼脂粉，然后加入双蒸水至 1000 mL，用 5 mol/L 的 NaOH 溶液将 pH 调至 7.2，121℃ 灭菌 30 min。

2）氨苄青霉素溶液（50 mg/mL）：称取 500 mg 氨苄青霉素用 10 mL 超纯水溶解，用 0.22 μm 滤膜过滤除菌，分装后保存于−20℃。

3）$CaCl_2$ 溶液（0.1 mol/L）：称取 14.698 g 的 $CaCl_2 \cdot 2H_2O$，用 10 mL 超纯水溶解，用 0.22 μm 滤膜过滤除菌，分装后保存于−20℃。

4）5-溴-4-氯-3-吲哚-β-D-半乳糖苷（5-bromo-4-chloro-3-indolyl β-D-galactoside，X-gal）储存液（20 mg/mL）：称取 1 mg X-gal 溶于 1 mL 二甲基甲酰胺，配制成 20 mg/mL 的储液（无须过滤除菌），用铝箔纸包裹避光储存于−20℃。

5）异丙基-β-D-硫代半乳糖苷（isopropyl β-D-thiogalactoside，IPTG）储存液（200 mg/mL）：称取 2 g IPTG 用 8 mL 蒸馏水溶解，并定容至 10 mL，用 0.22 μm 滤膜过滤除菌后，分装后储存于−20℃；

6）pMD19-T Vector Cloning Kit：pMD 19-T Vector（50 ng/μL，20 μL），Solution Ⅰ（含 T4 DNA 连接酶）。

（3）实验仪器与用具

分光光度计、旋涡混合器、恒温培养箱、电热恒温水浴锅、恒温振荡摇床、超净工作台、普通冰箱、低速离心机、微量移液器、微波炉和计时器等。

四、实验方法与步骤

1. 大肠杆菌 DH5α 感受态细胞制备

（1）将大肠杆菌 DH5α 菌种划线于 LB 平板，恒温培养箱中 37℃ 培养过夜。

（2）挑取单菌落接种于 5 mL LB 液体培养基中，于恒温振荡摇床中 37℃ 培养过夜（约 16 h）。

（3）在超净工作台上无菌条件下用微量移液器取过夜培养液 0.1 mL，接种于 5 mL 新鲜的 LB 液体培养基中（1∶100 扩大培养），于恒温振荡摇床中 37℃ 培养 2 h 左右。

（4）取 1 mL 培养物，用新鲜的 LB 液体培养基作空白对照，在分光光度计上测定其在波长 550 nm 下的光密度值，当 OD_{550} 在 0.2～0.5 范围内可进行后续步骤。

（5）将上述培养液在超净工作台中各取 1 mL 分装于 1.5 mL 无菌离心管中。

（6）将含菌液的离心管在冰上冷却 10 min，然后 6000 g 低速离心 1 min。

（7）弃培养基上清（尽量吸走培养基），向菌体沉淀中加入 200 μL 预冷的 0.1 mol/L $CaCl_2$ 溶液（无菌），用微量移液器悬浮菌体，冰浴放置 30 min。

（8）将 $CaCl_2$ 溶液重悬的菌液，6000 g 离心 10 min，小心吸走上清 $CaCl_2$ 溶液，留菌体沉淀。

（9）用 100 μL 0.1 mol/L 的 $CaCl_2$ 溶液悬浮菌体（动作轻柔），然后将菌悬液冰浴保存，到此时感受态细胞制备完成，需在 12～24 h 内完成转化，以确保较高的转化效率。

（10）向提前制备好的含 50 μg/mL 氨苄青霉素的 LB 平板上加 40 μL X-gal 储存液和 4 μL IPTG 储存液，在超净工作台中用无菌涂布棒涂匀，放置在 37℃ 恒温培养箱中 3～4 h 使液体充分被吸收，以备用。

2. 目的基因与 T 载体连接

（1）将 1 μL pMD19-T Vector（50 ng/μL）、5 μL 目的基因的回收产物和 5 μL

的 Solution Ⅰ（含 T4 DNA 连接酶）在 PCR 管中混匀。

（2）连接产物在 16℃ 孵育 1 h，然后于 4℃ 冰箱放置过夜。

3. 重组 DNA 分子转化

（1）在无菌超净工作台中向 0.1 mL 大肠杆菌感受态细胞中加入 10 μL 连接产物，混匀，冰浴放置 30 min。

（2）冰浴后，将含细胞悬液的离心管放入提前调温为 42℃ 的恒温水浴锅内，热激 90 s。

（3）热激处理后的细胞易死亡，因此热激结束后应迅速加入约 890 μL 的 LB 液体培养基（无抗生素的 LB 液体培养基，有助于抗性基因表达），然后将培养物放置在 37℃ 恒温摇床中低速培养 1 h，每 15 min 颠倒混匀 1 次。

（4）用移液器取 0.1 mL 的转化物直接涂布于含 50 μg/mL 氨苄青霉素、40 mL X-gal 储存液和 4 μL IPTG 储存液的 LB 固体平板上，共涂布三块平板。

（5）同时用移液器取 0.1 mL 未经转化的大肠杆菌感受态菌液直接涂布于含 50 μg/mL 氨苄青霉素、40 mL X-gal 储存液和 4 μL IPTG 储存液的 LB 固体平板上，作为对照。

（6）将第 4、5 步涂布的培养皿先放室温 15 min 左右，待平板上的菌液被平板充分吸收，然后倒扣放置于恒温培养箱中 37℃ 培养过夜。

（7）第二天取出培养皿，观察对照平板和转化平板菌落生长情况。对照平板因大肠杆菌感受态细胞对氨苄青霉素敏感，故不能在含氨苄青霉素的平板上生长。观察转化连接产物的平板是否有蓝色和白色菌落生成。若长出蓝色菌落，说明自连的载体 pMD19-T 转入感受态细胞中，但目的基因没有导入载体。若长出白色菌落，说明目的基因已导入载体，含重组质粒的转化子因此丧失了 β-半乳糖苷酶活性，在含 X-gal 和 IPTG 的培养基上只能形成白色菌落。

五、实验结果

比较对照平板和转化平板，讨论转化成功与失败的原因。

六、思考题

1. 简述什么是 T-A 克隆。
2. 简述蓝白斑筛选的原理。

第三节　外源基因在大肠杆菌基因工程菌中的表达

一、实验目的与要求

（1）掌握大肠杆菌乳糖操纵子的结构特征及 IPTG 诱导外源目的基因表达的基本原理。

（2）掌握利用大肠杆菌表达外源基因的步骤方法。

二、实验背景与原理

生产足够量的蛋白质是进行蛋白质功能或生物治疗剂研究的关键。大肠杆菌因其生长快速、易于操作和成本低而成为重组蛋白生产的首选宿主（Rosano et al., 2019）。通常将外源基因插入表达载体，再导入用大肠杆菌基因工程菌制备的感受态细胞中，使外源基因高效表达，从而获得所需的蛋白质。目前，pET 系列表达载体是较为成熟、广泛的表达载体，可以满足生产人员或研究人员对重组蛋白融合标签和二硫键等需求。pET 系列载体上各种启动子及不同的大肠杆菌表达菌株为各类不同蛋白质的表达及产量提升提供了较佳的选择（Donovan et al., 1996）。并且，利用 pET 载体可以表达含 His 标签的融合蛋白，可有助于重组蛋白的纯化，为后续的抗体制备、蛋白功能与活性的相关研究奠定基础（Gao et al., 2015）。

大部分的大肠杆菌表达载体使用来自乳糖操纵子（Lac operator）的调控元件。大肠杆菌的 Lac 操纵子含 Z、Y 及 A 三个结构基因，分别编码 β-半乳糖苷酶、通透酶和乙酰基转移酶；除结构基因外，还有调控基因，包括操纵序列 O（operator）和启动序列 P（promoter）；而 $Lac\ I$ 编码 Lac 阻遏物（Lac repressor）不属于乳糖操纵子（Yansura & Henner, 1984）。通常，Lac 操纵子位于靶基因启动子的下游，在无乳糖条件下，Lac 阻遏物与操纵基因 O 结合，阻碍 RNA 聚合酶与启动序列 P 结合，从而阻止转录起始，当诱导剂如乳糖类似物 IPTG 存在时，诱导剂与阻遏物结合，使得阻遏蛋白失活，导致

RNA 聚合酶合成不再受阻碍。IPTG 是一种作用极强的诱导剂，不会被细菌代谢而十分稳定，因此在实验室中被广泛应用（Gomes et al., 2020）。然而，由于乳糖操纵子的 Lac 启动子启动活性相对较弱，研究人员已开发出启动活性强的杂合启动子用于在大肠杆菌中表达外源蛋白（Baneyx，1999），如 Trp 启动子和 Lac 启动子构成的 Trc 杂交启动子，Trp 启动子与 LacUV5 构成的 Tac 杂交启动子。在大肠杆菌中表达外源蛋白的启动子通常取决于宿主细胞 RNA 聚合酶或来自 T7 噬菌体的 T7 RNA 聚合酶的引入。两种类型的载体都是通过添加不可水解的 IPTG 进行诱导的。

本实验中用到的 pET-28a（+）载体是一种常用的 His-tag 融合蛋白类型的原核表达载体之一，大小为 5369 bp，包含可编码氨基糖苷磷酸转移酶的基因，具抗卡那霉素基因，在重组质粒构建时外源基因目的片段插入到噬菌体 T7 转录翻译系统下，强大的 T7 启动子完全专一地被宿主大肠杆菌 T7 RNA 聚合酶控制，转化后外源基因在 T7 RNA 聚合酶的诱导下表达。高活性的噬菌体 T7 RNA 聚合酶合成 mRNA 的速度比大肠杆菌 RNA 聚合酶快 5 倍，当二者共存时，大肠杆菌本身基因的转录竞争不过 T7 表达系统，几乎所有的细胞资源都用于目的基因的表达，诱导几个小时后即可使最终目的基因表达量超过细胞总蛋白的 50%。pET-28a（+）载体带有一个 N 端的 His/Thrombin/T7 蛋白标签，同时含有一个可以选择的 C 端 His 标签。pET28a（+）载体的单一的多克隆位点方便目的基因片段的克隆。pET-28a（+）载体可转化的宿主菌在克隆时可用大肠杆菌 DH5α 或 TOP10 等菌株，在表达时可用大肠杆菌 BL21（DE3）或 BL21（DE3）pLysS 等菌株。

三、实验材料、试剂和仪器

（1）实验材料

大肠杆菌 BL21（DE3）感受态细胞、重组质粒 pET-28a-X（X 代表插入 pET-28a 载体多克隆位点的外源基因）。

（2）实验试剂

1）TE 缓冲液（10 mmol/L Tris-HCl，1 mmol/L EDTA，pH = 8.0）。

2）LB 培养基：10 g 蛋白胨，5 g 酵母粉，10 g NaCl，固体培养基加入

15 g 琼脂粉，然后加入双蒸水至 1000 mL，用 5 mol/L 的 NaOH 溶液将 pH 调至 7.2，121℃ 灭菌 30 min。

3）卡那霉素溶液（50 mg/mL）：称取 500 mg 卡那霉素用 10 mL 超纯水溶解，用 0.22 μm 滤膜过滤除菌，分装后保存于−20℃。

4）5-溴-4-氯-3-吲哚-β-D-半乳糖苷（5-bromo-4-chloro-3-indolyl β-D-galactoside，X-gal）储存液（20 mg/mL）：称取 1 mg X-gal 溶于 1 mL 二甲基甲酰胺，配制成 20 mg/mL 的储液（无须过滤除菌），用铝箔纸包裹避光储存于−20℃。

5）2 × Loading Buffer：50 mmol/L Tris-Cl（pH6.8），50 mmol/L DTT，2% SDS，0.1% 溴酚蓝，10% 甘油。

6）考马斯亮蓝染液：称取 100 mg 的考马斯亮蓝 G-250，用 50 mL 90%乙醇溶解，加入 100 mL 85%的磷酸，最后用超纯水定容至 1000 mL；该染液可在室温下放置一个月。

7）脱色液：300 mL 甲醇，100 mL 冰乙酸，加超纯水定容至 1000 mL。

8）其他试剂：用于菌种保存的无菌甘油（80%）、无菌 1×PBS、无菌双蒸水等。

（3）实验仪器与用具

冰箱（4℃）、超低温冰箱（−80℃）、恒温水浴锅、恒温摇床、恒温培养箱、超净工作台、可见分光光度计、离心机、脱色摇床、微量移液器、电磁炉和不锈钢锅等。

四、实验方法与步骤

1. pET-28a-X 质粒的转化

（1）向 100 μL 大肠杆菌 BL21（DE3）感受态细胞中加入约 0.1 μg pET-28a-X 质粒，混匀；同时转化 pET-28a 质粒作为对照。

（2）将装有感受态细胞的离心管冰浴放置 30 min。

（3）取出后立即放入恒温水浴锅中（42℃），热处理 90 s，再迅速冰浴放置 3 min。

（4）向已转入质粒的感受态细胞中加入 900 μL 的 LB 液体培养基，然后将离心管放在恒温振荡摇床（37℃）中，150 r/min 振荡培养 30～60 min（最佳 45 min）。

（5）取出 100 μL 培养物，在无菌条件下涂布于含 50 μg/mL 卡那霉素的 LB 固体平板上。

（6）将平板放入恒温培养箱（37℃）中，过夜培养 12～16 h，平板上生长的菌落即为 pET-28a 或 pET-28a -X 转化子。

2. IPTG 诱导表达

（1）从每个平板分别挑取 4 个单菌落至 4 支装有含 50 μg/mL 卡那霉素的 LB 液体培养基的试管中，管壁上记好编号。

（2）将试管放入恒温振荡摇床中 37℃ 200 r/min 中培养过夜。

（3）从各试管中取 50 μL 细菌悬液至装有 5 mL 含 50 μg/mL 卡那霉素的 LB 液体培养基的试管中，扩大培养 2～3 h，可用可见分光光度计测波长 600 nm 下的 OD 值，当 OD_{600} 值为 0.6～0.8 时即可进行后续的诱导培养，熟练后根据经验可目测（背光条件下，恰好看不见试管中的枪头即可）。

（4）在每组菌的 4 个试管中分别加入 2 μL 的 IPTG 溶液，终浓度 0.5 mmol/L，37℃ 诱导表达 3～4 h（IPTG 的终浓度、诱导温度以及时间可根据后续重组蛋白的表达情况摸索）。

3. 重组蛋白的表达鉴定

（1）从每组 4 支的试管中分别取 1 mL 菌液加入到 1.5 mL 离心管中，6000 g 离心 5 min，弃上清，留下细菌沉淀。

（2）在每个离心管中加入 1 mL 的无菌超纯水，重悬浮细菌沉淀，6000 g 离心 5 min，弃上清，留下细菌沉淀。

（3）在每支离心管中加入 100 μL 的无菌 1×PBS 重悬浮沉淀，然后加入 100 μL 的 2×Loading Buffer，混匀；当菌液较浓或者溶液黏稠时，应增加 PBS 与 2×Loading Buffer 的加入量，或者减少上样的体积。

（4）将离心管放入不锈钢锅中，煮沸 10 min，取出后 12000 g 离心 10 min，取上清进行 SDS-聚丙烯酰胺凝胶电泳（SDS-polyacrylamide gel electrophoresis，SDS-PAGE）检测。

（5）待电泳结束后，用考马斯亮蓝染液染色 10～15 min（染色液视着色情况，可回收多次使用），然后用脱色液充分脱色。

五、实验结果

仔细观察脱色后的图片，比较 pET-28a-X 转化子与 pET-28a 转化子蛋白表达情况，确认目的蛋白 X 是否成功表达，并分析成败原因。

六、思考题

1. 简述 SDS-PAGE 的原理。
2. 简述考马斯亮蓝染色的原理。

参 考 文 献

Aich P, Patra M, Chatterjee AK, et al. Calcium chloride made *E. coli* competent for uptake of extraneous DNA through overproduction of OmpC protein[J]. The Protein Journal, 2012, 31(5): 366-373.

Aune TE, Aachmann FL. Methodologies to increase the transformation efficiencies and the range of bacteria that can be transformed[J]. Applied Microbiology and Biotechnology, 2010, 85(5): 1301-1313.

Baneyx F. Recombinant protein expression in *Escherichia coli*[J]. Current Opinion in Biotechnology, 1999, 10(5): 411-421.

Chaudhuri RR, Henderson IR. The evolution of the *Escherichia coli* phylogeny[J]. Infection, Genetics and Evolution, 2012, 12(2): 214-226.

Daegelen P, Studier FW, Lenski RE, et al. Tracing ancestors and relatives of *Escherichia coli* B, and the derivation of B strains REL606 and BL21(DE3) [J]. Journal of Molecular Biology, 2009, 394(4): 634-643.

Donovan RS, Robinson CW, Glick BR. Review: optimizing inducer and culture conditions for expression of foreign proteins under the control of the lac promoter[J]. Journal of Industrial Microbiology, 1996, 16(3): 145-154.

Gao CY, Xu TT, Zhao QJ, et al. Codon optimization enhances the expression of porcine β-defensin-2 in *Escherichia coli*[J]. Genetics and Molecular Research, 2015, 14(2): 4978-4988.

Gomes L, Monteiro G, Mergulhão F. The impact of IPTG induction on plasmid stability and heterologous protein expression by *Escherichia coli* biofilms[J]. International Journal of Molecular Sciences, 2020, 21(2): 576.

Hayat SMG, Farahani N, Golichenari B, et al. Recombinant protein expression in *Escherichia coli* (*E. coli*): what we need to know[J]. Current Pharmaceutical

Design, 2018, 24(6): 718-725.

Jeong H, Barbe V, Lee CH, et al. Genome sequences of *Escherichia coli* B strains REL606 and BL21(DE3) [J]. Journal of Molecular Biology, 2009, 394(4): 644-652.

Kaper JB. Pathogenic *Escherichia coli*[J]. International Journal of Medical Microbiology, 2005, 295(6-7): 355-356.

Lederberg J. Genetic recombination in bacteria[J]. Science, 1955, 122(3176): 920.

Mandel M, Higa A. Calcium-dependent bacteriophage DNA infection[J]. Journal of Molecular Biology, 1970, 53(1): 159-162.

Morse ML, Lederberg EM, Lederberg J. Transduction in *Escherichia coli* K-12[J]. Genetics, 1956, 41(1): 142-156.

Rosano GL, Morales ES, Ceccarelli EA. New tools for recombinant protein production in *Escherichia coli*: A 5-year update[J]. Protein Science, 2019, 28(8): 1412-1422.

Rudchenko ON, Likhacheva NA, Timakova NV, et al. Competence in *Escherichia coli* cells. III. Formation of competent states in *Escherichia coli* X7026 and *Escherichia coli* Hfr H cells during storage in different conditions[J]. Genetika, 1975, 11(5):101-109.

Sambrook J, Russell DW. Screening bacterial colonies using X-gal and IPTG: α-complementation[M]. CSH Protocols, 2006.

Taketo A. DNA transfection of *Escherichia coli* by electroporation[J]. Journal of Bioscience and Bioengineering, 1988, 949(3): 318-324.

Tenaillon O, Skurnik D, Picard B, et al. The population genetics of commensal *Escherichia coli*[J]. Nature Reviews Microbiology, 2010, 8(3): 207-217.

Yansura DG, Henner DJ. Use of the *Escherichia coli* lac repressor and operator to control gene expression in *Bacillus subtilis*[J]. Proceedings of the National Academy of Sciences of the United States of America, 1984, 81(2): 439-443.

Yoon SH, Jeong H, Kwon SK, et al. Genomics, biological features, and biotechnological applications of *Escherichia coli* B: "is B for better?!". *In*: Lee SY, Ed., 2009, Systems biology and biotechnology of *Escherichia coli*[M]. Dordrecht: Springer Netherlands, 2009: 1-17.

第八章　动物病毒——腺病毒

第一节　腺病毒研究简介

腺病毒（adenovirus）是一种无包膜、直径为 70~100 nm 的病毒，由 252 个壳粒呈二十面体排列构成。腺病毒最早是从手术切除的扁桃体中分离得到，至今已经有 60 余年历史，常引起人眼睛、呼吸道、膀胱和胃肠道等组织感染，在大规模流行期间，可造成较高的病死率。腺病毒能感染各年龄段的人群，免疫功能低下的患者感染腺病毒可引起严重甚至致死性感染（Gao et al.，2012）。

腺病毒宿主广泛，可分为腺胸腺病毒属、哺乳动物腺病毒属、唾液酸酶腺病毒属、禽类腺病毒属等（Tollefson et al.，1998）。电子显微镜和 X 射线衍射分析显示，腺病毒无囊膜，其直径长约 95 nm，基因组为双链 DNA，全长约 36 kb，编码 40 余种蛋白质（Kanopka et al.，1998）。腺病毒粒子为球形，属于无囊膜病毒，病毒粒子外层由衣壳包裹，其核心主要由核心蛋白和双链 DNA 构成（Kremer et al.，2015）。

腺病毒结构简单，遗传背景清晰，是理想的动物病毒模式生物。因此，作为生物学研究工具，腺病毒已被广泛研究。在所有的动物病毒中，人类对腺病毒的研究较为深入。

第二节　紫外分光光度法测定提纯病毒的浓度

一、实验目的与要求

（1）掌握病毒纯度检测方法。
（2）掌握紫外分光光度法检测病毒浓度原理。

二、实验背景与原理

基于不同的实验目的，对病毒纯度的要求也不同。如用于制备病毒特异抗血清的病毒，对宿主抗原没有要求；如要研究病毒自身的蛋白质和核酸，则要求样品中不包含宿主的核酸和蛋白类似物。依据病毒物理学性质，纯度鉴定常用的方法如下。

1. 超速离心法

根据各组分的沉降系数的不同，测定病毒纯度。

2. 电泳分析法

对于粒子较小的病毒，可采用 SDS-PAGE、琼脂糖及等电聚焦电泳来测定病毒纯度。

3. 电镜分析法

虽然病毒粒子大小、形状有差别，但病毒具有均一性的特点。在电镜下，可根据病毒颗粒形态的均一性判断病毒纯度。

4. 紫外吸收光谱分析法

病毒蛋白在 280 nm 处吸收紫外线，而病毒核酸的嘌呤和嘧啶在 260 nm 处有强烈的紫外线吸收。因此，形态不同的病毒 A_{260}/A_{280} 值有差异。

球形病毒：$A_{260}/A_{280}=1.42\sim1.92$。

杆状和线状病毒：$A_{260}/A_{280}=1.15\sim1.55$。

5. 免疫化学方法

免疫化学方法检测灵敏度低，可用于检测病毒的株系特异性。

6. 其他方法

X 射线晶体学方法、溶解度测定法均能用于病毒纯度测定。病毒核蛋白有特定的紫外吸收峰，根据这种特性，可用紫外分光光度法来测定病毒的纯度和浓度。每种病毒的核酸与蛋白含量比例固定，因此，可用 A_{260} 值计算浓度及产量：

$$病毒浓度（mg/mL）= A_{260} \times \frac{稀释倍数}{E_{1\,cm}^{0.1\%} 260\,nm}$$

$E_{1\,cm}^{0.1\%} 260\,nm$ 为消光系数，即波长 260 nm 时，浓度为 0.1%（1 mg/mL）的悬浮液，光程为 1 cm 时的光吸收值（光密度）。

得到病毒浓度后，即可进一步计算病毒提纯的产量：

病毒产量（mg/kg）=浓度×提纯后总体积（mL）×1000/组织质量（g）

三、实验材料、试剂和仪器

（1）实验材料

腺病毒提纯样品悬浮液。

（2）实验试剂

ddH_2O、10 mmol/L 磷酸盐缓冲液。

（3）实验仪器与用具

Nanodrop 微量核酸分析仪器（thermo scientific）、吸头、移液枪、擦镜纸等。

四、实验方法与步骤

（1）接通微量核酸分析仪器电源，打开电脑，启动 Nanodrop 软件。

（2）选择核酸模式"Nucleic Acid"，在加样孔中加 2 μL ddH_2O，合上盖使形成液柱，点击确定以初始化程序。

（3）5～6 s 后屏幕上的提示信息消失，初始化完成，擦镜纸擦干 ddH_2O，加入 2 μL 的磷酸盐缓冲液，合盖后点"Blank"，调零。

（4）调零后，用擦镜纸擦干缓冲液。在加样孔中加 2 μL 病毒提纯液，点击"Measure"开始测量（注意：每次换待测样品用擦镜纸擦拭干净；每次样品量不低于 2 μL，过程中不能形成气泡）。

（5）测量完成后，结果点击"Show Report"即可查看，点击"Save"保存（注意：每次测量完毕后，用蒸馏水清洁样品平台）。

五、实验结果

根据紫外分光光度计的结果，分析病毒纯度。

六、思考题

比较紫外分光光度法、免疫化学法和电镜分析法测定病毒纯度的优缺点。

第三节　动物病毒的提纯和感染单位测定

一、实验目的与要求

（1）掌握腺病毒提纯方法。
（2）掌握动物病毒感染单位的测定方法。

二、实验背景与原理

腺病毒是没有包膜的病毒颗粒，病毒粒子由 252 个壳粒呈正二十面体排列构成，单个壳粒直径为 7～9 nm。腺病毒分子质量是 150～180 MDa，腺病毒在 CsCl 中浮密度为 1.32～1.35 g/cm^3。

腺病毒的体外培养和分离常用人胚胎肾细胞 293（human embryonic kidney 293，HEK293），使用病毒感染 HEK293 细胞 36 h 后，可见 HEK293 细胞出现变圆和脱落等病变现象（cytopathic effect，CPE），接着感染 12 h 后，可观察到由细胞死亡后脱落导致的空洞。被感染的 HEK293 细胞可在 72 h 内全部死亡。

病毒提纯是根据病毒的沉降系数和浮密度不同，通过不同程度的离心处理从而得到纯化病毒的过程。病毒分离纯化后，往往需要按照要求测定病毒的感染单位，感染单位的测定一般采用终点稀释法和空斑实验测定，前者应用更加广泛。先将病毒进行梯度稀释，选择数个稀释度用于接种对病毒敏感的实验动物或细胞，观察 CPE 现象或者免疫荧光信号，经 Reed & Muench 法计算 $TCID_{50}$。

三、实验材料、试剂和仪器

（1）实验材料
腺病毒、传代细胞 HEK293。

（2）实验试剂

1）1×DMEM 培养液，4℃ 保存备用。

2）胎牛血清（FBS），−20℃ 保存备用。

3）100×青链霉素液。

4）1 mol/L HEPES 缓冲液，4℃ 保存备用。

5）生长培养基（10% FBS）：于 445 mL 1×DEME 培养液中加入 50 mL FBS，5 mL 青链霉素液，用 HEPES 缓冲液调节 pH 至合适，4℃ 保存备用。

6）维持培养基（2% FBS）：于 475 mL 1×DEME 培养液中加入 10 mL FBS，5 mL 青链霉素液，用 1 mol/L HEPES 缓冲液调节 pH 至合适，4℃ 保存备用。

7）0.25% Trypsin-EDTA，phenol red，−20℃ 保存备用。

8）1×PBS 缓冲液，4℃ 保存备用。

9）20%、35%、45%、60% 蔗糖溶液（W/V）：分别取 20 g、35 g、45 g、60 g 蔗糖溶解于 50 mL 双蒸水，然后定容至 100 mL。

（3）实验仪器与用具

高速离心机和超速离心机、超速离心管、吸管、移液枪、96 孔细胞培养板、细胞培养瓶、透射电子显微镜、细胞培养箱等。

四、实验方法与步骤

1. 腺病毒的提纯

（1）将腺病毒溶液接种于 HEK293 细胞，37℃ 孵育 2 h，置于培养箱，每 15 min 打开培养箱轻摇孵育中的培养瓶。孵育 2 h 后在培养瓶中补加适量 DEME 培养基（2% FBS），继续培养观察细胞病变情况，收集病毒培养液。

（2）将病毒培养液离心（图 8.1），4℃，12000 r/min 离心 10 min，去除细胞碎片，取上清（S1）待用。

（3）将 S1 于 4℃，27000 r/min 离心 2 h，弃上清，留沉淀。

（4）蔗糖密度梯度按照从低到高的（20%、35%、45%、60%）顺序缓慢铺入超速离心管中，先将 20% 的蔗糖铺入超速离心管中，再用长注射针头将 35% 的蔗糖溶液在管底缓慢打出，将 20% 的蔗糖层顶至最上层，以此将

45%、60%的蔗糖铺入，形成非线性的蔗糖密度梯度，将铺好的蔗糖密度梯度置于4℃预冷。

（5）沉淀用 10 mmol/L 磷酸缓冲液悬浮后进行非线性密度梯度离心（图8.1），4℃下 27000 r/min 离心 3 h，蔗糖密度梯度分别为 20%、35%、45% 和 60%（W/V），需进行预冷处理。

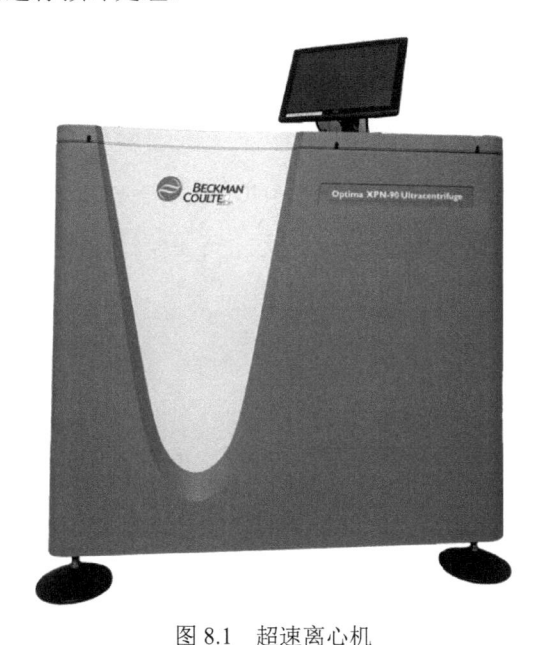

图 8.1 超速离心机

（6）离心结束后，从上层依次往下层吸取，收集 35%~45% 梯度区带上的蛋白质提取物，4℃，27000 r/min 再次离心 2 h，沉淀用少量 10 mmol/L 磷酸缓冲液悬浮，即为纯化病毒溶液。

2. TCID$_{50}$法测定病毒感染单位

（1）取长满单层的细胞一瓶，胰酶消化处理使细胞分散成单个细胞后，按照每孔（4~5）×10^4 个的细胞量铺于 3 块 96 孔板细胞培养板中培养，1~2 d 密度达到 90% 左右后即可接种病毒。

（2）病毒用维持培养基进行 10^{-8}~10^{-1} 的 10 倍梯度稀释。

（3）将稀释好的病毒接种于上述 96 孔培养板，每一稀释度接种 8 孔，每孔 100 μL。

（4）设置正常细胞对照（每孔接种 100 μL 维持培养基）。

（5）于细胞培养箱中培养，观察 CPE 情况，计算每个稀释度 CPE 阳性孔数目，用 Reed&Muench 法计算病毒的 $TCID_{50}$。

五、实验结果

分离纯化腺病毒，并测定纯化后病毒的 $TCID_{50}$。

六、思考题

比较蔗糖梯度离心和 CsCl 梯度离心的优缺点。

第四节　负染法观察提纯的病毒

一、实验目的与要求

（1）掌握负染法的基本原理。
（2）初步掌握负染法的操作步骤。

二、实验背景与原理

负染法是一种观察病毒结构的方法。高密度重金属盐类染色剂对蛋白质不能染色，因而染色剂可在病毒粒子旁边的背景处沉积，产生强电子散射形成较暗背景，病毒粒子易被电子束穿透，形成相对较亮的区域，如同照片的底片（负片），该染色方法被称为负染法。

负染法优点：
（1）操作简单，单次分离提纯的病毒样品可以长期保存供多次制片使用；
（2）制片耗时短，从点样到观察一般只要几分钟，可以实现随做随观察；
（3）反差强；
（4）可较好保存病毒生物结构；
（5）每次使用的样品量少。

三、实验材料、试剂和仪器

（1）实验材料
提纯的腺病毒。
（2）实验试剂
ddH_2O，1%乙酸铀[UA，$UO_2·(CH_3COO)_2·2H_2O$] 水溶液，pH4.0～5.2，3%磷钨酸（PTA，$P_2O_2·24WO_3·nH_2O$）水溶液，pH6.0～7.0。
（3）实验仪器
透射电子显微镜（HT7800）及成像平台、红外线烘烤灯、超净工作台等。

（4）其他：电镜专用镊子、滴管、Parafilm 膜、洗瓶及蒸馏水、培养皿、滤纸、铅笔、200 目铜网。

四、实验方法与步骤

（1）将提纯的腺病毒悬液用蒸馏水进行 1∶10 或 1∶100 的稀释。

（2）在超净工作台内，吸取病毒悬液滴到 Parafilm 膜上，用电镜专用镊子夹持铜网边缘（切勿夹入网膜内），将铜网正面置于液滴上方，使铜网覆盖病毒液滴，2~3 min 后将铜网取出，用滤纸片吸掉余液（从铜网边缘）。

（3）在超净工作台内，用滴管吸取 3% PTA 或 1% UA，滴到 Parafilm 膜上，用电镜专用镊子夹持铜网边缘，使铜网漂浮在染液上，负染色 1~2 min 后将铜网取出，勿使铜网背面粘上染液。

（4）用洗瓶冲洗铜网（约 20 滴 ddH$_2$O），冲洗铜网后用滤纸片吸掉余液，将负染好的铜网（铜网覆膜的一侧朝上，即正面）放入覆盖有滤纸的培养皿中，可以在红外线烘烤灯下烘烤干燥 5 min，温度不超过 70℃，也可以在超净工作台自然干燥，并铅笔在滤纸上编号。

（5）将铜网置于电镜的样品杆中（不用区分正反面），进行电镜观察（图 8.2）。

图 8.2　透射电子显微镜

五、实验结果

拍照记录病毒显微图像,描述病毒形态及分布情况。

六、思考题

为什么透射电镜能观察到腺病毒的不同形态?

第五节　超薄切片法观察组织中的病毒及细胞病理学变化

一、实验目的与要求

（1）掌握超薄切片制备方法。
（2）观察样品中的病毒粒子及细胞病理现象。

二、实验背景与原理

电子显微镜的出现大大推进了生物和医学的研究，使研究从宏观到微观，从显微水平的发展到超显微水平。透射电镜生物样品超薄切片技术是观察病毒的常用方法。免疫电镜、放射自显影、电镜细胞化学等都需要用超薄切片技术，通过超薄切片技术可展现生物样品详细的微细结构，超薄切片技术也是扫描电镜和其他电镜图像技术的基础。

由于透射电镜发出的电子束具有很弱的穿透能力，需要将标本切成 100 nm 以下的薄片才能置于透射电镜观察。超薄切片常用厚度为 50～70 nm。超薄切片的制作与石蜡切片基本类似，需要经过的步骤包括：取材、固定、脱水、渗透、包埋聚合、切片、染色和电镜观察等。固定可使得细胞中细胞器和生物大分子保持原有的状态，在原位置保持不动；脱水是可使包埋介质完全渗入细胞内，该过程可事先将细胞内的水分驱除，即用一种和水及包埋剂均能互溶的液体来替换水；渗透可提供外在的固体支架，使得样品可以进行超薄切片；染色是为了增强样品的反差，常用重金属盐和细胞中某些成分结合或被细胞吸附来染色。重金属盐的原子会对电子束形成散射，增强图像反差。最后，通过透射电镜观察超薄切片，可以确定病毒在组织细胞中的具体形态及组织细胞病理学变化。

三、实验材料、试剂和仪器

（1）实验材料

感染腺病毒的 HEK293 细胞。

（2）实验试剂

ddH_2O、2.5%戊二醛溶液、丙酮、Spurr 包埋剂试剂盒。

1%锇酸溶液：用蒸馏水将 OsO_4 配成 2%的原液，再用 0.2 mol/L 磷酸溶液 1∶1 稀释，在通风橱中戴手套配制，配好后密封避光保存。

1%柠檬酸钠铅染液：量取 0.1 g 柠檬酸铅，用 ddH_2O 溶解，再定容至 10 mL。配制铅染液注意事项：先加水 6 mL，然后超声 30 min，使柠檬酸铅充分混匀。然后滴加 1 mol/L NaOH，用磁力搅拌器搅拌混匀，至溶液变清亮后定容至 10 mL。

乙酸双氧铀 50%乙醇饱和溶液：称取 2 g 乙酸双氧铀，加入 50%乙醇 100 mL 溶解，充分摇动 10 min，经过 1～2 d 的静置，使得未溶解部分自然沉降，取上清于棕色试剂瓶中避光保存。乙酸双氧铀 50%乙醇饱和溶液呈鲜黄色，颜色变淡表示无效。

无水乙醇和 95%乙醇：配制梯度乙醇溶液（30%、50%、70%、80%和 90%）。

0.2 mol/L 磷酸缓冲液（pH7.0）：称取 43.78 g $Na_2HPO_4 \cdot 12H_2O$ 和 10.58 g KH_2PO_4，用 ddH_2O 溶解，再定容至 1 L，灭菌后备用。

0.2 mol/L PBS（100 mL，pH7.0）：39 mL 0.2 mol/L NaH_2PO_4 和 61 mL 0.2 mol/L Na_2HPO_4 混合。

（3）实验仪器

透射电子显微镜、超薄切片机、红外线烘烤灯、离心机、数显电子控温箱、磁力搅拌器、真空泵及真空瓶、超净工作台等。

（4）实验用具

刀片、1.5 mL 离心管、滴管、电镜专用镊子、洗瓶、培养皿、Parafilm 膜、200 目铜网、滤纸、铅笔等。

四、方法与步骤

（1）用胰酶消化细胞，然后将细胞悬液转移至 1.5 mL 离心管，离心去除上清。

（2）细胞沉淀用 2.5%戊二醛溶液加满 1.5 mL 离心管并吹散细胞（可以在溶液中加入 5 μL FBS，有助于细胞聚团），然后经过 10 min 真空抽滤，使戊二醛溶液充分浸入细胞。

（3）细胞样品经 1000 r/min 离心 5 min，此时样品沉到离心管底部（如样品漂浮于液面，需要再次抽滤并离心至样品沉到管底），然后 4℃ 冰箱中避光固定过夜。

（4）倒掉固定液，样品经 0.1 mol/L 磷酸缓冲液漂洗 3 次，每次 15 min（如果样品放置 15 min 后未沉降，需要离心使样品沉降后再弃去上清，每步漂洗需要将样品吹散，下同）。

（5）打开通风橱，样品用 1%锇酸溶液（20 μL）避光 4℃ 固定 1~2 h。

（6）回收锇酸固定液，样品经 0.1 mol/L 磷酸缓冲液漂洗 3 次，每次 15 min。

（7）用梯度乙醇溶液（30%、50%、70%、80%和 90%）对样品进行脱水，每个浓度漂洗 15 min，细胞样品可以直接从 50%的乙醇溶液开始脱水。

（8）无水乙醇漂洗 20 min。

（9）在通风橱中，加入 1 mL 的丙酮漂洗样品 20 min。

（10）Spurr 包埋剂和丙酮的混合液（V/V=1∶1）处理 1 h。

（11）Spurr 包埋剂和丙酮的混合液（V/V=3∶1）处理 3 h。

（12）用包埋剂处理样品过夜。

（13）过夜渗透的样品，吸去旧包埋剂，用电镜专用镊子将样品夹入 PCR 管中（如果样品比较分散，可以用大孔吸头将样品吸入 PCR 管后，离心后去除旧包埋剂），加入新纯包埋剂，再将铅笔写好的标签纸放置入管子中（浸入包埋剂里，但不能碰到底部样品，所以标签一定要写得很小）。

（14）将包埋样品 60℃ 聚合 72 h，即得包埋好的样品。

（15）用超薄切片机对包埋好的样品块进行超薄切片，超薄切片再经柠檬酸铅溶液和乙酸双氧铀50%乙醇饱和溶液各染色15 min，室温干燥过夜后进行电镜观察。

五、实验结果与分析

（1）拍照观察细胞的显微结构，描述病毒的形态结构及分布情况。
（2）分析病毒感染后的细胞形态变化，分析病理学变化的原因。

六、思考题

超薄切片制备过程中，各操作步骤的目的是什么？

参 考 文 献

Gao XQ, Jin Y, Xie ZP, et al. Study on the epidemiological of respiratory tract infections in children with adenovirus in Nanjing from 2010 to 2011[J]. Chinese Journal of Virology, 2012, 5(12): 130-133.

Kanopka A, Mühlemann O, Petersen-Mahrt S, et al. Regulation of adenovirus alternative RNA splicing by dephosphorylation of SR proteins[J]. Nature, 1998, 393: 185-187.

Kremer EJ, Nemerow GR. Adenovirus tales: from the cell surface to the nuclear pore complex[J]. PLoS Pathog, 2015, 11(6): e1004821.

Tollefson AE, Hermiston TW, Lichtenstein DL, et al. Forced degradation of Fas inhibits apoptosis in adenovirus-infected cells[J]. Nature, 1998, 392: 726-730.

第九章 植物病毒——烟草花叶病毒

第一节 烟草花叶病毒研究简介

烟草花叶病毒（tobacco mosaic virus，TMV）为烟草花叶病毒属（*Tobamovirus*）的主要类群。在其发现之初，麦尔（Mayer）证明烟草花叶病病叶的汁液具有传染性，但未能确定病因，认为这是一种细菌性疾病。1892年伊万诺夫斯基（Ivanowski）也称之为"一种传播非常广泛的烟草疾病"，这与麦尔的描述相符，但他认为引起该疾病的是一种可以通过过滤器的小病原体，可能是来自细菌的毒素。1898年贝杰林克（Beijerinck）认为TMV是一种传染性病原，一种可过滤并在琼脂培养基扩散的物质。1935年美国化学家斯坦利（Stanley）首次纯化并结晶TMV病毒粒子，因此获得了1946年诺贝尔化学奖。利用X射线衍射和电子显微技术显示该病毒粒子为杆状，约282 nm×18 nm，核衣壳呈螺旋状，核酸为单组分的带有帽子结构的正链 RNA 病毒，大约为6.4 kb，其5'端和3'端都有一段高度结构化的非翻译区（图9.1）（Scholthof，2004；Schmatulla et

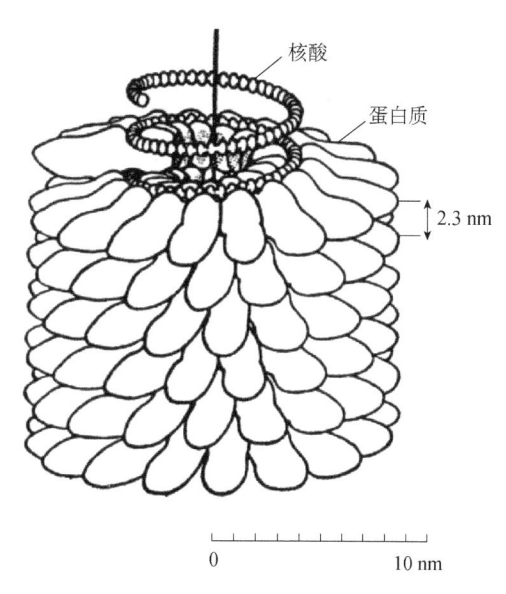

图9.1 TMV粒子结构示意图

al., 2007）。

TMV 能产生 3 种亚基因组 mRNA，编码 6 种蛋白质，分别为 126/183/54 kDa 复制酶（前两个也表示成 p126 和 p183）、30 kDa 运动蛋白（movement protein，MP）、17.5 kDa 外壳蛋白（coat protein，CP）和 4.8 kDa 的 ORF6 蛋白，其中 ORF6 由与 MP 和 CP 基因重叠编码，其功能与症状相关（图 9.2）（Cooper et al.，2014）。每个基因有不同的表达调控机制，从而完成 TMV 在细胞中的复制、包装以及扩散等一系列生命活动。CP 可使病毒 RNA 免受寄主酶的破坏。在 RNA 5′端脱去外壳的部位结合核糖体，可边脱壳边合成蛋白，当 p126 和 p183 蛋白合成结束，CP 便随之迅速脱去。因此 p126 和 p183 在 TMV 侵染的早期阶段就被翻译了。TMV 基因组 RNA 合成也发生在细胞质中，p126 和 p183 作为复制酶直接参与了 RNA 的合成。此外，p126 和 p183 蛋白会改变寄主的代谢，从而在病毒进入寄主细胞后几分钟内促进 TMV 复制（Konakalla et al.，2021）。MP 可使植物胞间连丝的孔径增大，病毒粒子或基因组 RNA 即可通过胞间连丝进入邻近细胞（Scholthof et al.，2011）。54 kDa 蛋白开放阅读框与 p183 的阅读框一致，位于 p183 的 5′端。具有一部分 RNA 依赖性 RNA 聚合酶的特征，暗示其可能是 TMV 编码的第三个复制酶亚单位或是复制酶相关的调节蛋白。目前为止，只在无细胞系合成体系中可检测到 54 kDa 蛋白的表达（Carr et al.，1992）；在细胞中只能检测到编码 54 kDa 蛋白的 mRNA，但不能检测到蛋白表达；在受侵染的细胞内也未检测到 54 kDa 蛋白；即使在 54 kDa 蛋白转基因植物中也未能检测到该蛋白的表达。因此，54 kDa 蛋白的表达调控机制以及功能还需要进一步研究。

图 9.2　TMV 基因组结构示意图

TMV 是一种致命的植物病毒，寄主范围广泛，包括烟草、马铃薯、番茄等 65 科 885 种植物。一些具有重要经济意义的作物被 TMV 侵染会导致作物质量和产量下降。据估计，TMV 每年在全球农田造成的损失高达 10 亿美元

(Li et al., 2021)。受害植株叶上出现花叶症状, 生长不良, 叶畸形 (图9.3) (Ma et al., 2008)。其致病机理可能是 TMV 侵染对光合作用、碳代谢、植物防御和蛋白质翻译产生重大影响 (Das et al., 2019)。TMV 可通过病苗与健苗摩擦或农事操作再侵染。

图 9.3 TMV 系统侵染烟草 (*Nicotiana tabacum* cv. Turk) 产生的花叶症状
(由云南省烟草科学研究院莫笑晗提供)

随着植物病毒分子遗传学的深入研究以及许多抗病毒病策略的开发, 利用病原体诱导抗性 (pathogen-derived resistance) 的策略可以作为寄主获得对病毒抗性的一种有效途径。第一种是转基因技术, 通过 TMV 自身编码基因介导植物获得抗病毒特性。病毒先在最初侵染的细胞内复制, 再克服细胞壁和细胞膜的屏障在细胞间短距离移动, 又经维管束长距离移动向植物其他部位扩散, 建立对植物的系统侵染 (姚祥坦等, 2004)。因此通过转基因技术在植物体内表达病毒基因, 可以在不同阶段抑制病毒侵染。使用最多且技术最成熟的是由 CP 基因介导植物获得高水平病毒病抗性 (Abel et al., 1986)。其抗病机制主要是在病毒侵染早期通过 CP 蛋白阻止 TMV 去组装, 因而抑制病毒的复制。此外, CP 蛋白还具有调控病毒在细胞内移动、抑制病毒在胞间传播以及植物内转移的作用 (Peng et al., 2014)。此外, 由于 MP 参与修饰胞间连丝或形成专门的结构体, 使病毒能克服胞间连丝的限制而顺利通过, 因此其突变体也可以应用于植物抗病毒基因工程中。导入缺陷型 TMV MP 基因的烟草对 TMV 以及烟草花叶病毒属的成员都有抗性（Cooper et al.，1995）。这是由于病毒的 MP 具有相似的功能，那么用一种病毒缺陷型 MP 占据胞间连丝就可以阻断其他病毒运动蛋白的功能，从而使转一种 MP 基因的植物获得抗多种病毒的能力，因此这一方法有广阔的应用前景（Lapidot et al.，1993）。另据研究发现 54 kDa 蛋白也可以抑制 TMV RNA 基因组复制过程，从而该转基因植物可抗 TMV 侵染。但这种抗性特异性很强，比如 TMV- U1 株系 54 kDa 蛋白转基因植物只抗 TMV U1 株系（Carr et al.，1992）。除以上三个基因外，在植物中表达完整或修饰的 TMV 复制酶基因使转基因植株获得病毒抗性，这一方法也被广泛地应用在植物抗病毒基因工程中。

第二种是 RNA 沉默技术。近几年利用 RNA 沉默技术介导植物病毒的研究中也非常活跃。相较于由病毒基因介导的植物抗性，这种方法在许多方面有着不可比拟的优点，RNA 沉默也是植物系统防御的一种表现，因此这种技术将会成为今后植物抗病毒病育种研究的一个重要方向。比如 TMV p126 蛋白具有多个结构域，尤其是甲基转移酶、解旋酶和非保守区Ⅱ域都具有独立的寄主 RNA 沉默抑制功能（Konakalla et al.，2021）。

第三种是反义 RNA 技术。该技术将病毒基因的互补序列连接在真核启动子上，再以转基因方式导入植物。这样植物细胞就表达与病毒 RNA 互补反义 RNA，可抑制病毒的翻译，以实现抗病毒的目的。但表达与 CP 编码序列互补的反义 RNA 序列的烟草几乎无抗 TMV 作用。这些植物的保护水平远低于表达 TMV CP 蛋白的转基因植物（Abel et al.，1989）。

TMV 是研究最多的植物病毒之一，在根据科学/经济重要性提名的前 10 位植物病毒中，TMV 位居首位。它作为研究模型已有约 130 年历史。研究发现 TMV 具有以下特性，如受侵染的烟草产生的 TMV 如此丰富，以至于在光学显微镜下可以看到受侵染叶子中结晶病毒粒子的包涵体；TMV 可通过与植物表面受伤区域的直接接触来侵染细胞；病毒侵染通过阻止叶绿体发育而导致疾病，导致植物的叶子呈现出特征性的浅绿色和深绿色马赛克图案，症状明显；TMV 很容易侵染烟草和其他茄科植物等，寄主广泛，因此非常适合实验室、温室和田间试验；TMV 病毒非常稳定，它在受侵染植物的汁液中的体外寿命为 3000 天，而纯化的病毒粒子在 58℃ 下至少可以存活 50 年

（Scholthof，2004）。综上所述，该病毒非常适合进行生物学如免疫学、寄主-病原体相互作用的基础研究以及作为表达载体在烟草中表达有价值的药物蛋白应用研究。

本章将重点介绍 TMV 的 3 种基本实验操作：摩擦接种、侵染性克隆构建以及以 TMV 为表达载体表达绿色荧光蛋白（green fluorescent protein，GFP）。

第二节　烟草花叶病毒摩擦接种

一、实验目的与要求

以带有 TMV 的病叶为材料进行摩擦接种，1 周后观察接种烟草叶片等形态与生理的变化。要求了解植物病毒摩擦接种的原理，以及掌握病毒摩擦接种、病症观察和记录的方法。

二、实验背景与原理

不同于真菌和细菌，植物病毒属于被动入侵寄主的类型。在自然界它们大多依靠机械摩擦或生物介体完成传播。摩擦接种是指病毒从植物表面的机械损伤侵入，从而导致植物发病。一般是将病株汁液在健康叶片上摩擦，所以摩擦接种又称"汁液传染"或"汁液摩擦传染"。故在实验室中常用病株汁液作为人工接种的材料。但这种传染只限于大部分引起花叶型症状的病毒，因为这些病毒在寄主细胞中的浓度较高，同时在寄主体外的存活力也较长。一般来说，摩擦接种中多采用手指摩擦接种或磨砂玻匙摩擦接种。为了大量接种，也可采用气刷接种法及毛垫接种法，之后又发明了超声波接种法及微注器接种法。本实验采用的是常规的摩擦接种方法。

三、实验材料、试剂和用具

（1）实验材料

含 TMV 的病叶、普通烟（*Nicotiana tabacum*）或本氏烟苗（*N. benthamiana*）。

（2）实验试剂

灭菌蒸馏水或磷酸缓冲液（pH7.0）。

（3）实验用具

研钵、金刚砂（600 目）（硅藻土或石英砂）、花盆、营养土。

四、实验方法与步骤

先取含 TMV 的病叶，清水洗净后放入研钵中，研磨挤出汁液。再选择具有 4～5 片健壮叶子的无病烟草植株作为接种寄主。接着在接种前用肥皂将手彻底洗净。每株选择 2～3 个叶片进行接种。接种时先用清水将待接种的叶片冲洗干净，晾干后再撒上少许金刚砂，以左手托着叶片，用右手食指蘸取少量病毒汁液。在接种叶片上轻轻摩擦，要求仅使叶片表皮细胞产生微伤口而不死亡。接种后用清水洗去接种叶片上的残留汁液。在标签上写接种日期、班级及姓名并插于花盆土里。最后将接种的烟草放入防虫的温室或纱笼中，在 20～25℃条件下培养 1～2 周，期间随时注意观察发病情况。

五、实验结果

观察 TMV 病症产生的过程，拍照记录摩擦接种前后叶片形态和颜色变化。

六、思考题

TMV 摩擦接种实验成功或失败的关键是什么？

第三节　TMV 侵染性 cDNA 克隆构建及验证

一、实验目的与要求

构建 TMV 侵染性 cDNA 克隆并进行体外转录获得病毒 RNA，通过摩擦接种验证其侵染性。要求掌握侵染性 cDNA 克隆的定义，了解侵染性 cDNA 克隆的应用，掌握 TMV 侵染性 cDNA 克隆构建及其体外转录操作，并掌握摩擦接种验证转录产物的侵染性的方法。

二、实验背景与原理

侵染性 cDNA 克隆是指在体内具有侵染性的 cDNA 或在体外转录产生有侵染性转录物，是植物 RNA 病毒反向遗传研究的常见策略。在病毒侵染性 cDNA 克隆的基础上，可利用定点突变技术对目标病毒基因组序列进行替换、插入及缺失突变，以此来研究植物病毒的基因功能、病毒和植物之间的相互作用以及病毒与传播介体之间的相互关系。植物病毒的侵染性克隆可分为两种类型，一类是侵染性 RNA，这类型先是构建的含有病毒基因组的全长 cDNA 序列的载体，然后将其线性化后，由和载体启动子相应的 RNA 聚合酶在体外将其转录为具有侵染活性的 RNA；另一类侵染性 cDNA，这类型是在病毒基因组 cDNA 前加入花椰菜花叶病毒（cauliflower mosaic virus，CaMV）35S 启动子，这样的 cDNA 可以直接用于摩擦、基因枪或者农杆菌共浸润三种方式接种。两种类型主要区别是调控序列不同，各有优缺点（Boyer and Haenni，1994）。

对于 RNA 病毒来说，不管是构建哪种类型侵染性克隆，首先必须用 3′端特异性引物将病毒 RNA 反转录成互补单链 DNA。主要是根据已知的病毒基因序列，尤其是两端的序列选择引物。但是由于病毒 RNA 的二级结构或是反转录酶延伸长度会限制全长病毒 RNA 的扩增，因而难以合成全长 cDNA，因而通常采用分段扩增获得 cDNA 后拼接获得全长克隆。为保证 cDNA 克隆的侵染性，尽量避免在启动子和终止子之间插入非病毒序列（高瑞，2012）。

TMV 为正链 RNA 病毒，侵染性 cDNA 克隆于 1986 年由 Dawson 等人首次构建成功。之后是不同株系的克隆以及策略也略有变化（Meshi et al.，1986；薛朝阳等，2000）。本实验采用的侵染性 RNA 构建方法根据参考文献略作改动（图 9.4）（Chapman，2008）。主要流程包括病毒纯化；从病毒粒子中提取病毒 RNA；病毒 RNA 的反转录；重叠 5'和 3' cDNA 片段的 PCR 扩增，从而在病毒序列的 5'端附近引入 T7 启动子序列和用于克隆目的基因的末端限制性内切酶位点；克隆扩增病毒基因组并测试克隆的转录物的侵染性。注意本方法中 5'和 3' 端两个片段采用酶切连接的方法进行连接，也可以采用同源重组克隆试剂盒，多个目的片段定向克隆到指定载体。

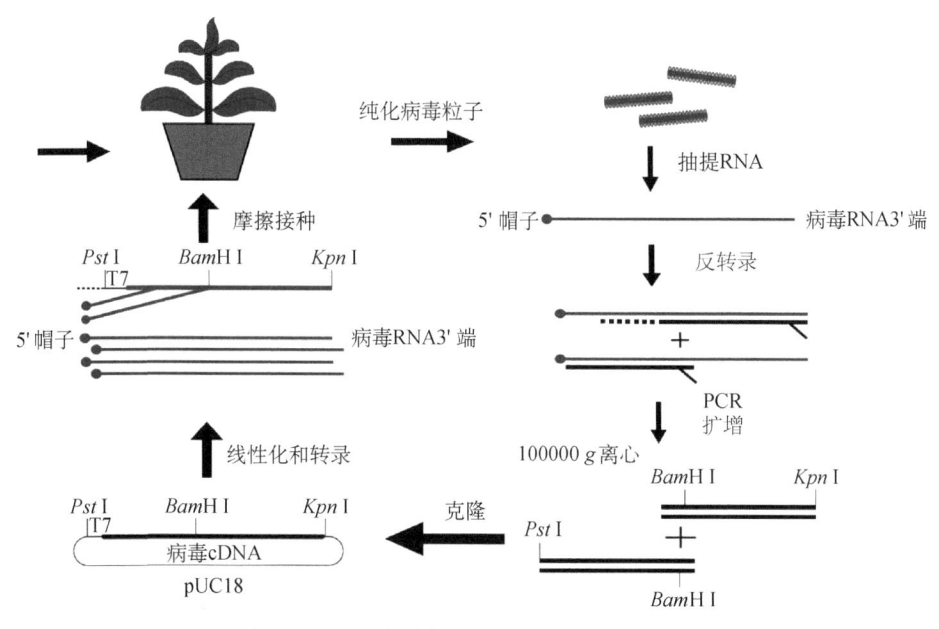

图 9.4 TMV 侵染性 cDNA 克隆构建步骤图示

三、实验材料、试剂和仪器

（1）实验材料

TMV（繁殖于普通烟）、本氏烟、珊西烟（*N. tabacum* cv Xanthi-nc）和三生烟（*N. tabacum* cv Samsun-NN）（5～6 个叶片阶段）。

（2）实验试剂

提取缓冲液［0.5 mol/L 磷酸缓冲液，使用前添加 1% (*V/V*) β-巯基乙醇］、酸洗砂、正丁醇、聚乙二醇（polyethylene glycol，PEG）、10 mmol/L 磷酸盐缓冲液、无核酸酶水、TLES 缓冲液（50 mmol/L Trizma®-HCl pH 9.0，150 mmol/L LiCl，5 mmol/L EDTA，5% SDS）、苯酚/氯仿/异戊醇（25∶24∶1）、氯仿、3 mol/L 乙酸钠（pH 5.2）、异丙醇、70% 冷乙醇、核糖核酸酶抑制剂、反转录酶、高保真 PCR 酶、*Bam*H I、*Pst* I、*Kpn* I、pUC18 载体、T7 转录试剂盒、电泳检测相关试剂。

（3）实验仪器与用具

研钵、小型组织研磨器、涡旋振荡器、高速离心机、台式离心机、PCR 扩增仪、恒温金属浴等。

四、实验方法与步骤

1. 引物设计

第一个反转录反应所用的引物与病毒基因组序列的 3′端互补，其 5′端引物为 TMV-3′-RT (5′-TTTT*GGTACC*TGGGCCCCTACCG -3′)（斜体表示 *Kpn* I 酶切位点，下划线表示该序列与 TMV 3′端序列互补，其中 *Kpn* I 酶切位点不存在病毒序列中）。第二个反转录引物与病毒基因组序列中间部分互补，TMV-Inter-RT 为 5′-CTGTTGCCTGGGAGACACTTATCAT-3′，位于第 3508 核苷酸残基处，也可作为基因组中间设计内部引物 I。基因组中间设计内部引物 II（TMV-Inter）为 5′-TTAACCCCTACACCAGTCTCCATCA-3′，位于第 3231 核苷酸残基处。内部引物 I 和内部引物 II 之间为 *Bam*H I 位点。5′扩增引物 TMV-5′为 5′-TTTT*CTGCAG*TAATACGACTCACTATAGTATTTTTACAACAATTACCAACAACAA-3′（TTTT 为保护碱基，斜体表示 *Pst* I 酶切位点，下划且斜体的序列表示 T7 启动子序列，下划且未斜体的序列表示与 TMV 5′端序列互补）。

2. 提纯病毒

将病毒接种到普通烟展开的叶片上。高温下繁殖植物可以获得更高的 TMV 产量，即 33℃。1～2 周后收获因接种而产生典型系统侵染症状的叶子。

在研钵中加入 30 mL 提取缓冲液（加入少量酸洗砂以促进研磨），用研杵将 20 g 病叶匀浆。过滤匀浆液以去除颗粒并将滤液收集在离心管中。每 10 mL 滤液加 0.8 mL 正丁醇，盖上盖子后颠倒混匀，每隔 2 min 一次，持续 15 min。在 12℃ 以 10 000 g 离心 30 min，收集水相。在上述溶液中加入 20% PEG 溶液至终浓度为 4%，颠倒混匀，冰上孵育 15 min。4℃ 下 10 000 g 离心 15 min 以沉淀病毒。弃去上清液，短时离心后，从发白的颗粒状病毒上方吸出残留液体。将沉淀的病毒重悬在 8 mL 10 mmol/L 磷酸盐缓冲液中，使用小型组织研磨器轻轻研磨。将重悬液转移到新的离心管中，加入 1.7 mL 5 mol/L NaCl 和 2.42 mL 20% PEG，盖上管子，颠倒混匀。在冰上孵育 15 min 后，4℃ 下 10 000 g 离心 15 min 再次沉淀病毒。倒出上清液，短时离心后，吸出残留液体。用 1 mL 10 mmol/L 磷酸盐缓冲液重悬白色病毒沉淀，重悬液稀释 100 倍测量 A_{260}/A_{280}（要求 A_{260}/A_{280} 约为 1.19）。将重悬液稀释至 10 mg/mL，在 4℃ 下储存。

3. 病毒 RNA 的提取

各取 0.25 mL TMV 悬浮液（10 mg/mL）至 4 个 2 mL 离心管中，并向每个管中加入 0.75 mL TLES 缓冲液，然后倒置混匀。再向每管中加入 0.9 mL 苯酚/氯仿/异戊醇（25：24：1），涡旋振荡，37℃ 孵育 15 min，偶尔颠倒混匀。13 000 g 离心 5 min 进行分离，收集上层水相。本步骤可重复两次以上。将水相转移到 1.5 mL 离心管中，用等体积的氯仿萃取。涡旋和分离水相如上。每一管可收集约 0.4 mL 的水相，转移至新的 1.5 mL 离心管，向 4 个离心管中分别加入 1/10 体积 3 mol/L 乙酸钠（pH 5.2）和等体积异丙醇，混合后置冰上孵育 5 min。4℃ 下 13 000 g 离心 30 min 沉淀病毒 RNA。吸取上清液，短时离心，用移液器除去残留的液体。将沉淀分别溶解在 0.1 mL 无核酸酶的水中。涡旋完全溶解后，将 4 管 RNA 溶液合并，分别加入 1/10 体积 3 mol/L 乙酸钠（pH 5.2）和等体积异丙醇重新沉淀病毒 RNA。混匀后并在 -20℃ 下孵育 1 h。4℃ 下 13 000 g 离心 30 min 沉淀病毒 RNA。从沉淀上方吸取液体，用 0.5 mL 70%冷乙醇洗涤。4℃ 下 13 000 g 再离心 5 min，从沉淀上方吸取液体，再次短时离心，以便去除残留液体。在真空下干燥沉淀 3 min，最后将沉淀溶解在 0.1 mL 的无核酸酶水中。取 5 μL 稀释 200 倍测定 A_{260}/A_{280} 以及病毒 RNA 的浓度，最后用琼脂糖凝胶电泳检测 RNA 完整性。

4. cDNA 第一链合成

设置两个退火反应以合成病毒 RNA 的 cDNA。每个反应在无核酸酶的 0.5 mL 离心管中进行，包括 2 μL 10 μmol/L 反转录引物（TMV-3′-RT 或 TMV-Inter-RT）、2 μL 0.5 mg/mL 病毒 RNA 和 8 μL 无核酸酶水。混合并在 70℃ 下孵育 10 min，然后在冰上快速冷却。冰上静置 1 min 后，短时离心，再往离心管中添加 1 μL 10 mmol/L dNTP 混合物、4 μL 5× 缓冲液、1 μL 0.1 mol/L DTT、1 μL 核糖核酸酶抑制剂和 1 μL 反转录酶。轻轻吹打混合，在 50℃ 下孵育反应 2 h。反应结束时，加入 30 μL 水，采用酚氯仿方法纯化反应产物。

5. 5′和 3′ 端片段的扩增及重叠反应

对于病毒基因组 3′ 端片段的扩增，薄壁 PCR 管中加入 10 μL 第一链 cRNA（由 TMV-3′-RT 反转录的产物）的纯化产物，2 μL 10 mmol/L dNTPs，3 μL 10 μmol/L 内部引物 I（TMV-Inter-RT）、3 μL 10 μmol/L 3′ 端引物（TMV-3′-RT）和 32 μL 无菌水。同样，对于病毒基因组的 5′ 端片段，薄壁 PCR 管中加入 10 μL 第一链 cRNA（由 TMV-Inter-RT 反转录的产物）的纯化产物、2 μL 10 mmol/L dNTPs、3 μL 10 μmol/L 5′ 端引物（TMV-5′）、3 μL 10 μmol/L 内部引物 II（TMV-Inter）和 32 μL 无菌水。再制备酶混合物的稀释液（77 μL 无菌水、20 μL 10× 高保真 PCR 酶缓冲液，含 15 mmol/L MgCl$_2$、3 μL 高保真 PCR 酶混合物），通过移液器轻轻混合后，将其置于冰上。PCR 程序为 94℃ 变性 2 min；10 个循环，包括 94℃ 变性 15 s，从 45℃ 开始退火 30 s，每个循环升温 1℃，以及在 68℃ 延伸 2.5 min；两个循环，包括 94℃ 变性 15 s、55℃ 退火 30 s 和 68℃ 延伸 2.5 min，从 2.5 min 开始，每个循环增加 5 s；68℃ 下的最终延伸时间为 7 min。PCR 反应结束后，取 5 μL 琼脂糖凝胶电泳检测扩增产物，如果扩增如预期，则把剩余的 PCR 产物进行纯化。

在 0.5 mL 离心管中将两种纯化 PCR 产物分别消化，用无菌水将纯化产物的体积增加至 88 μL，再加入 10 μL 酶缓冲液和 2 μL *Bam*H I（20 U/μL）。混合并在 37℃ 下孵育 3 h。酶切产物纯化后，在 0.5 mL 离心管中二级消化：

向 88 μL *Bam*H I 消化的 5' 端 PCR 产物中添加 10 μL 酶缓冲液和 2 μL *Pst* I（20 U/μL）；向 88 μL *Bam*H I 消化的 3' 端 PCR 产物添加 10 μL 酶缓冲液和 2 μL *Kpn* I（10 U/μL）。混合后在 37℃ 下孵育 3 h。结束后再次纯化重叠 PCR 产物。

6. PCR 产物克隆

pUC18 载体与重叠 PCR 产物分别用 *Pst* I 和 *Kpn* I 酶切后连接，连接反应及克隆筛选均按常规方法进行。

7. 体外转录及接种

采用 *Kpn* I 酶切线性化模板 DNA。并利用琼脂糖凝胶电泳检测线性化效果，如果完全线性化则将酶切产物纯化。转录反应使用 T7 转录试剂盒。20 μL 转录反应，依次添加 6 μL 的 *Kpn* I 线性化模板、10 μL 2×NTP 混合物、2 μL 10×反应缓冲液和 2 μL 酶混合物。轻轻吹打混合，并在 37℃ 下孵育 1 h。琼脂糖凝胶电泳检测转录物的产量和完整性。

转录反应后将产物用水稀释 2 倍，立即接种烟草。烟草叶片上洒少量 600 目金刚砂（硅藻土或石英砂），取 5~10 μL 稀释转录产物接种于烟草的脉间和基底区域。用手指轻轻地抚摸整个叶子表面。5 min 后，轻轻地给叶子表面浇水。用移液器对已接种展开的叶子进行标记。在 28℃ 或更低温度下培养植物，光照时间为 16 h 而黑暗时间为 8 h。每天检查烟草发病情况。

作为转录本侵染性的主要指标：本氏烟应在 3 d 后出现系统侵染症状，并可能出现顶部坏死；传染性转录本应先在珊西烟上产生局部坏死病灶，产生系统性花叶症状时间较晚。如果在低于 28℃ 下，那么三生烟对 TMV 具有 *N* 基因抗性，因此摩擦接种的三生烟需在高于 28℃ 下培育。病变程度表明转录物的相对侵染性，因此应选择在该寄主上产生大量坏死病变的克隆进行后续研究。

五、实验结果

提示：记录并描述各个步骤中 PCR、酶切和克隆电泳检测结果，以及体外转录的 RNA 侵染不同烟草的时间和症状。

六、思考题

1. 查阅资料，总结侵染性 cDNA 克隆有哪些应用。
2. 影响 cDNA 克隆侵染性的因素有哪些？

第四节 以 TMV 为载体在烟草中表达 GFP

一、实验目的与要求

了解在 CaMV 35S 启动子控制下的病毒基因组 cDNA 克隆构建过程，并理解其体内产生表达 TMV RNA 基因组的原理；掌握农杆菌渗滤法体内表达侵染性基因组 RNA 的方法；掌握外源蛋白表达的验证方法；了解植物病毒作为载体的应用。

二、实验背景与原理

利用植物细胞表达外源基因是一个很有潜力的领域，受到广泛的重视。使用 T-DNA、化学或物理方法转基因可以建立瞬时或稳定的外源基因表达体系。瞬时表达系统具有安全、快速、经济、高效、周期短和见效快的优势，因此已成为人们表达疫苗等药用蛋白的重要方式（韩爱东等，1999）。植物病毒表达载体系统与转基因植物的稳定表达系统相比，主要有以下特点：①植物病毒的基因组较小，表达系统易于操作；②表达量大，其表达量相当于基因遗传转化的 100 多倍；③表达速度快，通常在接种寄主植物后 1~2 周，外源基因就可大量表达，即可在较短时间内生产大量成本低廉的外源蛋白；④接种方法简单，而且许多病毒易于传播，十分适用于大面积商业化生产外源蛋白；⑤寄主范围较广，植物病毒可以侵染单子叶及豆科等植物，而这些是农杆菌不能或很难转化的寄主植物，从而可以扩大基因工程的适用范围；⑥时间上的灵活性。作为瞬时表达载体，可以在植物完成早期生长发育后进行接种，同时可以使外源基因表达量最大化而稳定遗传，转基因植物过早表达会给幼苗带来负面影响；⑦表达产物易于纯化。可按照提纯的方法先将病毒与表达产物分离出来，然后再提纯表达产物，这样显著地降低了下游生产成本（丁国平，2014）。目前，有多种植物病毒建立了植物瞬时表达系统，如 TMV、马铃薯 X 病毒（potato virus X，PVX）和烟草脆裂病毒（tobacco rattle virus，TRV）等。不同植物病毒的基因组结构和功能不同，构建病毒表达载体的策略也不同。常用构建植物病毒载体的策略包括基因置换、插入、互补、抗原展示及融合/释放等（彭燕等，2002）。

TMV 寄主范围广，病毒复制量和 CP 表达量很高，能在整株植物上快速扩散。目前通过 TMV 侵染性 cDNA 克隆体外或体内转录产生有活性的 TMV 基因组 RNA，继而侵染寄主并系统扩散，已是常规操作。这意味着含外源基因的嵌合病毒可以侵染众多的植物，并得到外源蛋白。TMV 容易纯化，特别是对于以 CP 通读表达方式表达的外源蛋白，通过分离 TMV 颗粒，即可得到外源蛋白。经过了多年实践，这种方法已被证实是一种有效的表达外源蛋白的途径。这项技术已在医用活性多肽以及疫苗的研制、功能基因的鉴定、植物体内生物合成途径的研究等方面得到充分应用（Verch et al.，1998）。

目前，TMV 表达载体 30B 是一个被广泛应用的植物病毒表达载体，但用其生产外源蛋白时，必须先将它在体外转录成 RNA，才能被用来接种寄主植物（Shivprasad et al.，1999；Nenchinov et al.，2000；Rabindran and Dawson，2001）。而 RNA 体外转录费用昂贵、操作复杂。之后改用农杆菌接种法接种该病毒载体，也就是将 30B cDNA 插入 CaMV 的 35 启动子和终止子之间，再将整个表达框架插入到农杆菌 T-DNA 的左边界和右边界之内，从而构建成质粒 p35S-30B。将该质粒转入农杆菌后，再将其注射到植物的叶片中，30B cDNA 即可随 T-DNA 进入植物细胞。在细胞中被转录成可自我复制的 RNA 形式进行系统侵染。为了检测此接种方式的可行性，绿色荧光蛋白（GFP）报告基因被克隆到 p35S-30B 中，构建成 p35S-30B-GFP（图 9.5）（Rabindran and Dawson，2001；Jia et al.，2003），用含有该质粒的农杆菌进行注射操作（Jia et al.，2003；杨丽萍等，2013）。蛋白瞬时表达方法已被用于烟草当中，例如，来定位 GFP 等标记物标记的目的蛋白亚细胞位置，或者在不利用转基因植物的条件下生产和诱导大量蛋白。

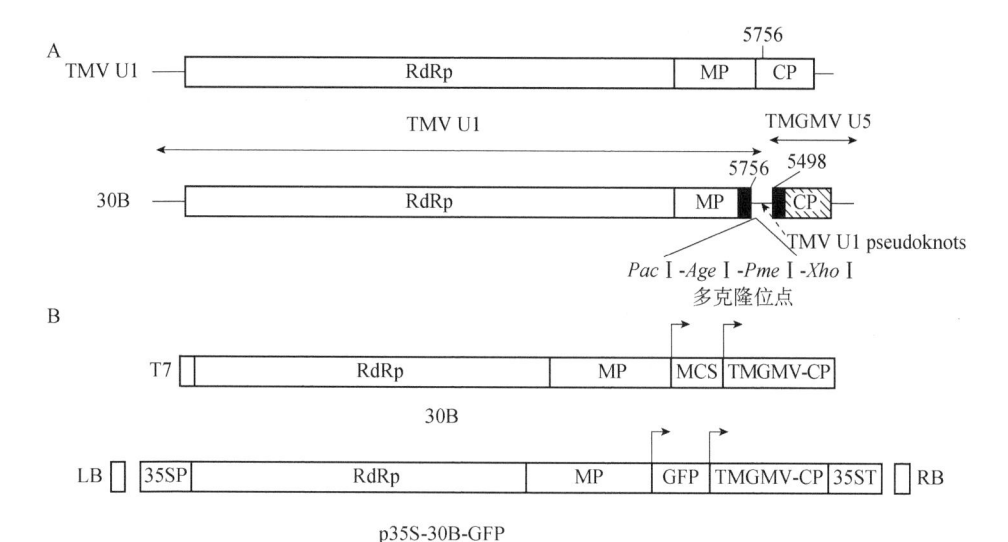

图 9.5 p35S-30B-GFP 载体构建图示
A. 30B cDNA；B. 30B 和 p35S-30B-GFP

RdRp 为 RNA 聚合酶；MP 为运动蛋白；CP 为外壳蛋白；TMV U1 为 TMV U1 株系；TMGMV U5 为烟草轻型绿花叶病毒（tobacco mild gree mosaic virus, TMGMV）U5 株系；MCS 是多克隆位点；LB 左边界；RB 右边界

三、实验材料、试剂

（1）实验材料

带有病毒表达载体的农杆菌菌株（通常由 CaMV 35S 启动子驱动）、健康的本氏烟植物（5~6 周龄）。

（2）实验试剂

MES/KOH（pH 5.6）、氯化镁、乙酰丁香酮、相应抗性的 LB 培养基。

四、实验方法与步骤

1. 准备激活缓冲液

配制母液：$MgCl_2$ 1 mol/L；MES（pH 5.6）100 mmol/L；乙酰丁香酮 100 mmol/L。使用时，每 1 mL 溶液中加入 888 μL 无菌水，10 μL $MgCl_2$，100 μL MES（pH 5.6），2 μL 乙酰丁香酮。

2. 挑克隆

挑取含 p35S-30B-GFP 的重组农杆菌单斑接种于含有卡那霉素（25 mg/L）和利福平（15 mg/L）抗性的 LB 培养基中 28℃ 过夜振荡培养；再将母液以 1∶100 接到相同抗性的 LB 培养基中，生长至对数生长期（此时 OD_{600} 值为 0.6~0.8），经 6000 r/min 离心 5 min 收集菌体。

3. 制备菌液

用含终浓度为 10 mmol/L $MgCl_2$、10 mmol/L MES（pH5.6）和 100 μmol/L 乙酰丁香酮的无菌水重悬浮，调整菌液浓度至 OD_{600}=0.5 或者根据需要调整；可在室温下放置 3 h 以上。

4. 侵染

农杆菌菌液用 2 mL 注射器（无针头）吸取后待用。选取 5~6 周龄本氏烟 4~6 片真叶，在叶片背面缓慢将菌液渗透注射到组织间隙中（浸润前保持苗浇水充足，不能太干）。每个处理根据需要注射相应的株数，将浸润好的植株在 25℃ 温室中培养（16 h 光照/8 h 黑暗交替）。

5. 观察记录

7 d 后观察发病情况以及紫外灯下荧光蛋白表达情况。

五、实验结果

注意分别观察叶子症状以及荧光蛋白表达情况，然后观察并比较荧光位置与病灶位置。

六、思考题

1. 假设外源蛋白不是荧光蛋白，请设计一个实验验证外源蛋白表达的方法。
2. 了解植物病毒作为载体的应用情况。

参 考 文 献

丁国平. U6 ncRNA 对 TMV 病毒表达载体作用研究[D]. 宁夏大学硕士学位论文，2014.

高瑞. 烟草脉带花叶病毒侵染性克隆的构建及其在交叉保护、外源蛋白表达及 VIGS 中的应用[D]. 山东农业大学博士学位论文，2012.

韩爱东，刘玉乐，肖莉，等. 利用烟草花叶病毒载体系统在烟草中表达丙型肝炎病毒的核心抗原[J]. 科学通报，1999，44(15)：1624-1629.

彭燕，崔晓峰，周雪平. 植物病毒——新型的外源基因表达载体[J]. 浙江大学学报（农业与生命科学版），2002，28(4)：465-472.

薛朝阳，周雪平，陈青，等. 一种病毒侵染性全长 cDNA 克隆的快速构建方法[J]. 生物化学与生物物理学报，2000，32(3)：270-274.

杨丽萍，金太成，徐洪伟，等. 植物中瞬时表达外源基因的新型侵染技术[J]. 遗传，2013，35(1)：111-117.

姚祥坦，曹家树，李晋豫，等. 植物抗病毒病育种策略[J]. 细胞生物学杂志，2004，26：362-366.

Abel PP, Nelson RS, De B, et al. Delay of disease development in transgenic plants that express the tobacco mosaic virus coat protein gene[J]. Science, 1986, 232(4751): 738-743.

Boyer JC, Haenni AL. Infectious transcripts and cDNA clones of RNA viruses[J]. Virology, 1994, 198(2): 415-426.

Carr JP, Marsh LE, Lomonossoff GP, et al. Resistance to tobacco mosaic virus induced by the 54-kDa gene sequence requires expression of the 54-kDa protein[J]. Molecular Plant-Microbe Interactions, 1992, 5(5): 397-404.

Chapman SN. Construction of infectious clones for RNA viruses: TMV[J]. Molecular Biology Reports, 2008, 451: 477-490.

Cooper B, Lapidot M, Heick JA, et al. A defective movement protein of TMV in transgenic plants confers resistance to multiple viruses whereas the functional analog increases susceptibility[J]. Virology, 1995, 206(1): 307-313.

Cooper B. Proof by synthesis of Tobacco mosaic virus[J]. Genome Biology, 2014, 15(5): R67.

Das PP, Lin Q, Wong SM. Comparative proteomics of tobacco mosaic virus-infected *Nicotiana tabacum* plants identified major host proteins involved in photosystems and plant defence[J]. Journal of Proteomics, 2019, 194: 191-199.

Dawson WO, Beck DL, Knorr DA, et al. cDNA cloning of the complete genome of tobacco mosaic virus and production of infectious transcripts[J]. Proceedings of the National Academy of Sciences of the United States of America, 1986, 83(6): 1832-1836.

Jia HG, Pang YY, Fang RX. Agroinoculation as a simple way to deliver a tobacco mosaic virus-based expression vector[J]. Acta Botanica Sinica, 2003, 45(7): 770-773.

Konakalla NC, Nitin M, Kaldis A, et al. dsRNA molecules from the tobacco mosaic virus *p126* gene counteract TMV-induced proteome changes at an early stage of infection[J]. Front Plant Science, 2021, 12: 663707.

Lapidot M, Gafny R, Ding B, et al. A dysfunctional movement protein of tobacco mosaic virus that partially modifies the plasmodesmata and limits virus spread transgenic plants[J]. Plant Journal, 1993, 4: 959-970.

Li Y, Ye S, Hu Z, et al. Identification of anti-TMV active flavonoid glycosides and their mode of action on virus particles from *Clematis lasiandra* Maxim[J]. Pest Management Science, 2021, 77(11): 5268-5277.

Ma YX, Zhou T, Hong YG, et al. Decreased level of ferredoxin I in tobacco mosaic virus-infected tobacco is associated with development of the mosaic symptom[J]. Physiological and Molecular Plant Pathology, 2008, 72(1-3): 39-45.

Meshi T, Ishikawa M, Motoyoshi F, et al. *In vitro* transcription of infectious RNAs from full-length cDNAs of tobacco mosaic virus[J]. Proceedings of the National

Academy of Sciences of the United States of America, 1986, 83(14): 5043-5047.

Nenchinov LG, Liang TJ, Rifaat MM, et al. Development of a plant-derived subunit vaccine candidate against hepatitis C virus[J]. Archives of Virology, 2000, 145(12): 2557-2573.

Peng JC, Chen TC, Raja JA, et al. Broad-spectrum transgenic resistance against distinct tospovirus species at the genus level[J]. PLoS One, 2014, 9(5): e96073.

Rabindran S, Dawson WO. Assessment of recombinants that arise from the use of a TMV-based transient expression vector[J]. Virology, 2001, 284(2): 182-189.

Schmatulla A, Maghelli N, Marti O. Micromechanical properties of tobacco mosaic viruses[J]. Journal of Microscopy, 2007, 225(3): 264-268.

Scholthof KB, Adkins S, Czosnek H, et al. Top 10 plant viruses in molecular plant pathology[J]. Molecular Plant Pathology, 2011, 12(9): 938-954.

Scholthof KB. Tobacco mosaic virus: a model system for plant biology[J]. Annual Review of Phytopathology, 2004, 42: 13-34.

Shivprasad S, Pogue GP, Lewandowski DJ, et al. Heterologous sequences greatly affect foreign gene expression in tobacco mosaic virus-based vectors[J]. Virology, 1999, 255(2): 312-323.

Verch T, Yusibov V, Koprowshi H. Expression and assembly of a full-length monoclonal antibody in plants using a plant virus vector[J]. Journal of Immunological Methods, 1998, 220(1-2): 69-75.

第十章 微生物病毒——噬菌体

第一节 噬菌体研究简介

噬菌体是一类可感染细菌、真菌及藻类等微生物的病毒（Bondy-Denomy et al., 2016），由特沃特（Twort）等人于 1915 年在培养葡萄酒菌时首次发现。微生物学家 费里斯·代列尔（d'Herelle）在 1917 年将该"细菌的食者"命名为噬菌体（bacteriophage，phage）（司穉东等，1996）。

一、噬菌体特征

因自身的配体与细菌表面的受体结合，噬菌体具有明显的宿主特异性，表现在单一噬菌体只寄居在易感宿主菌体内，不会裂解除靶标细菌外的其他细菌（Manohar et al., 2019），从而不易引起动物体内微生物群失调，而一旦离开宿主菌，将停止独自复制与生长。另外，噬菌体具有增殖高效性，在裂解宿主菌后产生大量的子代噬菌体，因此，应用小剂量的噬菌体制剂便可杀灭大量的致病菌。噬菌体对自然环境无污染，即伴随着宿主菌的清除，噬菌体亦会从人体或动物体内消亡，不易造成体内或环境残留，危及生物安全（Verma et al., 2009）。

二、噬菌体分类

根据噬菌体形态可将其主要分为三大目：有尾目、无尾目和丝状目。其中，有尾目较为常见，约占噬菌体总数的 96% 左右（Son et al., 2012）。而根据尾部长短又可以将有尾噬菌体分为肌尾科（下设 T4、P1、P2、Mu、

SPO1、PhiH、PhikZ 和 13 等 8 个噬菌体属）、长尾科（下设 λ、T1、T5、L5、c2、PsiM1、PhiC31、N15 和 SPβ 等 9 个噬菌体属）及短尾科（下设 T7、P22、φ29、N4 等 11 个噬菌体属）（冯烨等，2013）。

根据噬菌体核酸类型差异可将其分为双链 DNA（double-stand DNA，dsDNA）、单链 DNA（single-stranded DNA，ssDNA）、双链 RNA（double-strand RNA，dsRNA）和单链 RNA（single-stranded RNA，ssRNA）4 种类型（冯烨等，2013）。

根据生活方式和与宿主作用关系可将噬菌体分为两类：烈性噬菌体和温和噬菌体（Kakasis et al.，2019）。烈性噬菌体是指侵染宿主菌后即通过吸附（adsorption）、侵入（penetration）、复制（replication）、装配（assembly）及释放（release）等过程完成增殖，最终裂解宿主菌释放子代噬菌体的一类噬菌体。而温和噬菌体是指在感染宿主菌后，将自身的遗传物质整合在宿主基因组内，伴随宿主增殖而增殖，并不引起细胞裂解，与宿主菌处于共生长状态的一类噬菌体，而被温和噬菌体侵染的细菌也被称为溶源菌（lysogenic bacteria）。值得注意的是，溶源菌可受某些理化因子的影响，如紫外线照射、化学诱变剂处理等，会引起阻遏体蛋白活性下降，失去溶源性，从而被噬菌体大量裂解，使温和噬菌体转化为烈性噬菌体。

三、噬菌体作用

噬菌体在地球各种环境中均有广泛的分布。凡有细菌的场所，就可能有相应噬菌体的存在，且发挥着重要作用。①噬菌体通过感染细菌把自己的 DNA 整合到宿主基因组中，增进基因间的交流（Chen et al.，2012）；②噬菌体会特异性地感染并杀死某一类数量急剧增长的细菌，保持整个细菌种群的平衡状态，维持微生物的多样性（Mahony et al.，2016）；③噬菌体通过裂解海洋蓝细菌参加地球的物质循环；④噬菌体在人类肠道中有 $10^{15}\sim10^{16}$ 个，是人类微生物的重要组成部分；⑤噬菌体可用于靶向超级耐药致病菌（李刚等，2017；袁玉玉等，2017；刘德珍等，2017）。

抗生素的滥用导致细菌耐药问题带来巨大安全隐患，人们已意识到噬菌体疗法的潜在应用价值，因此，获取可利用的噬菌体资源成为研究人员的关注热点。噬菌体广泛存在于微生物富集的地方，选择合适区域有针对性选择宿主菌分离、纯化相应的噬菌体有助于丰富噬菌体资源库，进一步研究噬菌体形态特征将为其应用奠定基础。

第二节 水环境中大肠杆菌噬菌体的分离及纯化

一、实验目的与要求

(1) 掌握微生物实验的基本原理和技术，培养无菌操作意识。
(2) 掌握从污水中分离和纯化特定宿主菌噬菌体的一般操作流程。
(3) 掌握噬菌体保种方法。

二、实验背景与原理

因噬菌体种类丰富和基因组多样性高，每一种细菌在不同环境中可被多种噬菌体感染。通过噬菌体来裂解细菌，治疗病原菌感染，被称为噬菌体治疗，其具有宿主特异性高、指数增殖能力强以及不良反应少等优点。随着细菌耐药性的普遍出现，分离及鉴定特异性噬菌体成为非常具有治疗价值的研究。大肠埃希菌（*Escherichia coli*）通常被称为大肠杆菌，是一种广泛存在于动物肠道中的革兰氏阴性细菌，一些特殊血清型菌株对人有致病性，会引起呕吐、腹泻甚至败血症等。对大肠杆菌噬菌体而言，养殖和生活污水（废水）中含量较为丰富，从中分离获得具有侵染性的噬菌体将有助于丰富大肠杆菌噬菌体资源库。

三、实验材料、试剂和仪器

(1) 实验材料
大肠杆菌 285 宿主菌、大肠杆菌 F2 噬菌体、水环境样品。
(2) 实验试剂
无菌蒸馏水、LB 液体培养基、0.5% LB 半固体培养基、1.5% LB 培养基琼脂板、甘油、SM 培养基 [2.0 g/L 的 $MgSO_4 \cdot 7H_2O$、0.1 g/L 的明胶、5.8 g/L 的 NaCl、50 mmol/L 的 Tris-HCl（pH7.5）]。

(3) 实验仪器与用具

超净工作台、漩涡混合器、低温冰箱、水平摇床、电子天平、高速冷冻离心机、恒温培养箱、高压蒸汽灭菌锅、水浴锅等。

四、实验方法与步骤

(1) 水样采集与预分离样品液制备

采用多位点取样法，每次取样量不少 50 mL，标记后置于无菌容器中，利用高速离心机在 10000 r/min、4℃ 条件下离心 10 min。然后在无菌操作台内小心取容器中的上清液，用 0.45 μm 水系滤膜过滤，所得滤液即为预分离样品液。注意，在吸上清液时切勿将底部沉淀吸入滤液中。

(2) 宿主菌的准备

取适量的活化大肠杆菌 285 菌液在固体 LB 培养基上划线，倒置放于 37℃ 培养箱中培养一定时间（8～10 h）后，挑取单菌落至无菌 LB 液体培养基中，在 220 r/min、37℃ 条件下振荡培养 6～8 h，得到细菌悬液。

(3) 噬菌体分离

按预分离样品液：细菌悬液=1∶9，加入培养至对数生长期的大肠杆菌菌液，在 220 r/min、37℃ 水平摇床振荡培养 18 h。取适量混合培养液在 12000 g、4℃ 条件下离心 10～15 min；然后再小心吸取上清液，依次用 0.45 μm 和 0.22 μm 水系滤膜过滤，所得液体即为噬菌体原液。

(4) 噬菌体双层平板鉴定

取分离得到的噬菌体原液 100 μL 分别与 200 μL 培养至对数生长期的大肠杆菌菌液在 1.5 mL 离心管中混合，室温静置孵育 10 min 后加入到 4～5 mL 0.5% LB 半固体培养基中，颠倒混匀，倒入到 1.5% LB 培养基琼脂板上。室温凝固后，倒置放于 37℃ 恒温培养箱中培养 8～12 h。在不同时间点观察 LB 平板上是否出现噬菌斑，如果有噬菌斑出现，则说明分离得到了相应噬菌体，反之，则未分离得到噬菌体。实验中用大肠杆菌 F2 噬菌体作为阳性对照。

(5) 噬菌体纯化

在上述双层平板上挑取单个噬菌斑，浸泡于已高压灭菌的 SM 培养基中，在4℃条件下放置2 h后，使用0.22 μm滤膜对其过滤除菌。接着向10 mL离心管中加入相同体积的过滤后的噬菌体液和宿主菌液，反复吹打后静置30 min，同前制备成双层平板。重复以上步骤，直到平板上的噬菌斑特征一致，即可获得纯的噬菌体。

（6）噬菌体富集

在250 mL锥形瓶中加入100 mL LB液体培养基，按照1%接种比例加入1 mL对数生长期大肠杆菌，再加入适量纯化后的噬菌体液，37℃、220 r/min条件下振荡培养12 h。取适量富集液10000 r/min离心10 min，弃去沉淀后将上清液通过0.22 μm水系滤膜除去大肠杆菌。过滤后的噬菌体富集液检测病毒滴度，重复上述步骤3~5次，直至噬菌体滴度达到10^{10} PFU/mL左右。

（7）噬菌体保存

同（5）的过程。将培养液使用0.22 μm滤膜过滤后，与40%的甘油以等体积比加入到保种管中，轻柔摇晃使其均匀后，放置在−80℃冰箱里保存。

五、实验结果

仔细观察平板上出现的噬菌斑并绘出平板上噬菌斑的形态特征图。

六、思考题

在噬菌体增殖培养期，是否可以不加大肠杆菌悬液？

第三节　噬菌体空斑检测

一、实验目的与要求

（1）了解大肠杆菌噬菌体感染特性。
（2）学习并掌握噬菌体浓度计算和统计方法。

二、实验背景与原理

噬菌体感染细菌后，在宿主内增殖，最终裂解细胞释放。根据这一特性将噬菌体适当稀释，再感染宿主细胞，利用固体琼脂限制单个感染灶的无限扩散，可形成肉眼可见的空斑。一般而言，每个空斑即由一个噬菌体增殖裂解而成，因此可利用此原理定量检测各种样品中噬菌体数量。

三、实验材料、试剂和仪器

（1）实验材料
大肠杆菌 285 宿主菌和大肠杆菌 F2 噬菌体。
（2）实验试剂
无菌蒸馏水、1% LB 培养基、2% LB 固体培养基等。
（3）实验仪器与用具
超净工作台、漩涡混合器、低温冰箱、水平摇床、电子天平、高速冷冻离心机、恒温培养箱、高压蒸汽灭菌锅、水浴锅等。

四、实验方法与步骤

噬菌体空斑计算：用无菌蒸馏水稀释纯化后的噬菌体悬液至 10^{-1}、10^{-2}、10^{-3}、10^{-4}、10^{-5}、10^{-6}、10^{-7}、10^{-8}。将 1 mL 不同稀释度噬菌体稀释液混合 0.2 mL 大肠杆菌悬液和 1% LB 培养基（液态，45℃）倒入 2% LB 固体培养

基上，室温冷却，培养箱 37℃ 倒置培养 16~24 h，观察透明空斑并计数。

五、实验结果

观察透明空斑，依据下式计数。

$$\text{PFU/mL} = 稀释倍数 \times (P_1+P_2+P_3)/nV$$

式中，P_1、P_2、P_3：不同稀释度计数的空斑数；

n：某稀释度平行培养瓶数；

V：培养瓶接种的病毒液体积（mL）。

六、思考题

噬菌体浓度过低或过高对感染宿主细胞有什么影响？

第四节 噬菌体形态观察

一、实验目的与要求

了解噬菌体基本形态特征。

二、实验背景与原理

形态学是病毒分类的一个重要依据。自 1959 年以来，电子显微镜技术已经被用于描述超过 5000 多个噬菌体和其他病毒的结构。国际病毒分类委员会（The International Committee on Taxonomy，ICTV）的第 9 次报告将噬菌体分为 87 个科，19 个亚科，349 个属，通过电镜技术观察噬菌体形态特征并在此基础上对其进行归类有助于缩短噬菌体鉴定周期。

三、实验材料、试剂和仪器

（1）实验材料

大肠杆菌 285 宿主菌和 F2 噬菌体。

（2）实验试剂

无菌蒸馏水、LB 液体培养基、DNase I 或 RNase A、氯仿、NaCl、聚乙二醇、SM 缓冲液、磷钨酸等。

（3）实验仪器与用具

超净工作台、漩涡混合器、低温冰箱、水平摇床、电子天平、高速冷冻离心机、恒温培养箱、高压蒸汽灭菌锅、水浴锅等。

四、实验方法与步骤

1. 噬菌体复苏

取 500 μL 菌悬液和 5 mL 半固体培养基混匀后，倒在已含有固体培养基的平板上，制备双层平板。在超净工作台上静置至半固体培养基凝固后，培养箱 37℃ 培养 12 h。

2. 噬菌体浓缩

在 250 mL 锥形瓶中加入 100 mL LB 液体培养基，按照 1%接菌量加入所对应的大肠杆菌，加入一定量的噬菌体，置于水平摇床 37℃、220 r/min 过夜振荡培养。在培养基中分别加入 DNase I 或 RNase A 至终浓度 1 μg/mL 后放入摇床中振荡培养 30 min，再按 1%（V/V）加入氯仿后振荡培养 30 min。按 5.84 g/100 mL 加入 NaCl，充分振荡溶解后冰浴 1 h，10 000 g 离心 10 min 去除细菌碎片，收集上清液。加入固体聚乙二醇至终浓度 10%（V/V），充分振荡溶解后冰浴 2 h，使噬菌体形成颗粒沉淀，再 12 000 g、4℃ 离心 10 min。弃上清后，按每 100 mL 原始菌液加 1 mL SM 缓冲液重悬沉淀，转入 2 mL 离心管中。根据所收集的重悬液加入等体积氯仿，剧烈振荡 30 s，5000 g 离心 10 min，收集上层水相，再用等体积氯仿抽提 2~3 次，最后所得上层水相即为噬菌体浓缩液。

3. 噬菌体形态学鉴定

取 50~100 μL 噬菌体悬液于 Parafilm 封口膜上，从铜网盒中镊取一片覆盖有 Formavar 膜的铜网正面向上放置在噬菌体悬液中（需要注意的是，取铜网时尽量接触边缘位置，动作轻柔，防止造成铜网破损；镊子需保持清洁，防止噬菌体污染），静置 30 min 后取出铜网，用吸水纸吸去多余噬菌体液，然后用 2%磷钨酸负染 10 min，干燥后用透射电镜观察噬菌体的形态特征，得到其头部直径和尾部长度。

五、实验结果

绘出透射电镜下观察到的噬菌体形态视野图。

六、思考题

噬菌体浓缩过程中加入 DNase I 或 RNase A、氯仿、NaCl 和聚乙二醇的目的是什么？

参 考 文 献

冯烨，刘军，孙洋，等. 噬菌体最新分类与命名[J]. 中国兽医学报，2013，33(12)：1954-1958.

李刚，胡福泉. 噬菌体治疗的研究历程和发展方向[J]. 中国抗生素杂志，2017，42(10)：807-813.

刘德珍，郭红. 重新关注噬菌体在疾病防治中的研究与应用[J]. 现代医药卫生，2017，33(19)：82-84.

司穉东，何晓青. 噬菌体学[M]. 北京：科学出版社，1996，56-60.

袁玉玉，丛聪，王丽丽，等. 噬菌体与抗菌剂联合应用研究进展[J]. 中国抗生素杂志，2017，42(10)：842-848.

Bondy-Denomy J, Qian J, Westra ER, et al. Prophages mediate defense against phage infection through diverse mechanisms[J]. The ISME Journal, 2016, 10(12): 2854-2866.

Chen FX, Liu C, Jiang J, et al. Prediction of drug-target interactions and drug repositioning via network-based inference[J]. Plos Computational Biology, 2012, 8(5): e1002503.

Kakasis A, Panitsa G. Bacteriophage therapy as an alternative treatment for human infections. A comprehensive review[J]. International Journal of Antimicrobial Agents, 2019, 53(1): 16-21.

Mahony J, McDonnell B, Casey E, et al. Phage-host interactions of cheese-making lactic acid bacteria[J]. Annual Review of Food Science and Technology, 2016, 7: 267-285.

Manohar P, Ramesh N. Improved lyophilization conditions for long-term storage of bacteriophages[J]. Scientific Reports, 2019, 9(1): 15242.

Son B, Yun J, Lim JA, et al. Characterization of Lys B4, an endolysin from the

Bacillus cereus-infecting bacteriophage B4[J]. BMC Microbiology, 2012, 12: 33.

Verma V, Harjai K, Chhibber S. Restricting ciprofloxacin-induced resistant variant formation in biofilm of *Klebsiella pneumoniae* B5055 by complementary bacteriophage treatment[J]. The Journal of Antimicrobial Chemotherapy, 2009, 64(6): 1212-1218.